Das bietet Ihnen die CD-ROM

Über 40 Musterbriefe für jeden Anlass im Geschäftsleben:

- Absagen
- Anbieten
- Beschweren
- Beschwerden beantworten
- Bestätigen
- Bestellen
- Danken
- Einladen
- Glückwünsche verschicken
- Informationen einholen
- Andere Informieren
- Mahnen
- Nachfassen
- Preise erhöhen
- Rechnungen stellen
- Termine vereinbaren und verschieben
- Weiter verweisen
- Werben
- Zusagen

Alle Musterbriefe können Sie direkt in Ihre Textverarbeitung übernehmen und als Grundlage für Ihre eigenen Briefe verwenden.

Außerdem auf CD-ROM: englische Musterbriefe für die wichtigsten Geschäftsanlässe.

liografische Information der Deutschen Bibliothek
Deutsche Bibliothek verzeichnet diese Publikation in der Deutschen Nationalbibliofie; detaillierte bibliografische Daten sind im Internet über http://dnb.ddb.de ufbar.

978-3-448-09116-8
ll-Nr. 00985-0001

Postanschrift: Postfach, 82142 Planegg
Hausanschrift: Fraunhoferstraße 5, 82152 Planegg
Fon (0 89) 8 95 17-0, Fax (0 89) 8 95 17-2 50
E-Mail: online@haufe.de
Internet: www.haufe.de
Redaktion: Jürgen Fischer

Gesamtbetreuung: Sylvia Rein, 81371 München
Lektorat: Nicole Jähnichen, 81247 München
Umschlaggestaltung: Kienle gestaltet, 70178 Stuttgart
Umschlagentwurf: Agentur Buttgereit & Heidenreich, 45721 Haltern am See

Druck: freiburger graphische betriebe, 79108 Freiburg

Geschäftsbriefe nach DIN

Zusammengestellt und bearbeitet
von Nicole Jähnichen

Haufe

Inhalt

Das ist Ihr Nutzen

Viele von uns machen während Ihres ganzen Arbeitstags nichts anderes als telefonieren, faxen, mailen und schreiben. Während ein Telefonat rasch vergessen ist, hinterlässt schriftliche Geschäftskorrespondenz – egal ob als E-Mail, Fax oder klassischer Brief – meist einen bleibenden Eindruck. Ob dieser Eindruck letztlich ein guter oder ein schlechter ist, hängt von vielen Faktoren ab, die im „Paragrafenland" Deutschland genau festgelegt sind. So gibt es DIN-Normen für das Layout und den Inhalt von Geschäftsbriefen.

Dieser TaschenGuide hilft Ihnen, diese Regeln auf Ihre Geschäftskommunikation anzuwenden und somit Ihre Geschäftsbriefe auf eine einheitliche, repräsentative Linie zu bringen. Sie können hier alle Regeln schnell nachschlagen und anwenden, Element für Element, vom Briefkopf bis zum Anlagenvermerk.

Wenig Aufwand, große Wirkung: Zahlreiche Musterschreiben geben Ihnen Beispiele für alle Geschäftsanlässe, von Absagen über Mahnen bis Zusagen. Alle Muster finden Sie auch als Word-Dateien auf der CD-ROM, so dass Sie sie schnell und einfach als Grundlage in Ihrem Arbeitsalltag nutzen können.

Und nicht zuletzt bieten wir Ihnen die wichtigsten Regeln für Geschäftsbriefe auf Englisch – plus Muster auf der CD-ROM.

Wir wünschen Ihnen viel Erfolg bei Ihrer Korrespondenz!

Klare Regeln nach DIN

Wir schreiben im Geschäftsleben viel und häufig. Manch einer vergisst dabei, dass es nicht nur auf Quantität, sondern auch auf die Qualität des Geschriebenen ankommt. DIN-Normen sichern diesen Anspruch: Sie geben zu jedem Briefelement klare Vorgaben, was geht und was gar nicht geht.

In diesem Kapitel erfahren Sie,

- warum DIN-gerechte Briefe so wichtig sind (S. 8),
- welche DIN-Vorschriften es gibt (S. 9) und
- wie ein perfekter Brief nach den DIN-Regeln vom Briefkopf bis zum Anlagenvermerk aussehen kann (S. 11).

Warum DIN-gerechte Briefe so wichtig sind

Oft ist Schriftliches, egal ob als Brief, E-Mail oder als Fax, das Erste, was ein Kunde von einem Unternehmen registriert. Und jeder weiß: Gerade im Geschäftsleben zählt der erste Eindruck. Geschäftsbriefe haben völlig unabhängig davon, was in ihnen steht, erhebliche Außenwirkung auf den Leser.

Gute Gründe für gute Geschäftsbriefe

- Mit übersichtlich und einheitlich gestalteten Geschäftsbriefen können Sie Image transportieren.
- Sie können auf den ersten Blick Akzeptanz oder Ablehnung beim Leser erzeugen.
- Wenn Geschäftsbriefe nach DIN und einheitlich gestaltet sind, tragen sie entscheidend zur Corporate Identity eines Unternehmens bei.
- Geschäftsbriefe müssen aus Versandgründen bestimmte Standards einhalten, damit z. B. Massenversendungen durch Versanddienstleister überhaupt möglich sind.

Beispiele

So vermittelt man Seriosität

Durch hochwertiges Briefpapier, z. B. mit Wasserzeichen, in Kombination mit einem grafisch ansprechenden Briefkopf lässt sich Seriosität und ein hoher Qualitätsanspruch an die angebotene Leistung vermitteln.

Falscher Brief – wenig Erfolg

Ein Werbebrief zum Verkauf von Versicherungen, der eine falsche Anrede und keine Abschlussformel enthält, wird wenig Kaufanreiz beim Kunden hervorrufen, auch wenn die Produkte noch so gut sind.

DIN 676 und DIN 5008 – was steckt dahinter?

Es ist einfach und preiswert, die Geschäftskorrespondenz in geordnete Bahnen zu lenken und auf einen guten Standard zu bringen. DIN-Normen, die man eher aus den technischen Bereichen, wie dem Bauwesen kennt, helfen dabei. Das Deutsche Institut für Normung e.V. hat mit der DIN 676 und der DIN 5008 klare Regeln geschaffen, wie perfekte Geschäftsbriefe aussehen sollen. Diese DIN sind keine Vorschriften, die man befolgen muss, sondern Empfehlungen, denen man folgen kann – aus oben genannten Gründen.

DIN 676: Gestalten der Briefvordrucke

Die DIN 676 legt fest, welches Layout ein Briefbogen haben soll. Das ist schon deshalb wichtig, damit ein Brief gefalzt, gelocht und in den gängigen Fensterbriefhüllen verschickt werden kann. Die DIN 676 ist also für diejenigen wichtig, die die Vordrucke für die Briefbögen gestalten. In kleinen Unternehmen kann das aus Kostengründen schon mal der Chef selbst sein, in größeren Unternehmen wird diese Aufgabe oft externen Mediengestaltern, z. B. Grafikstudios oder Werbeagenturen, übertragen.

Die DIN 676 bestimmt detailliert, wo im Briefbogen

- das Firmenlogo,
- die Fensterzeile,
- die Adressdaten,
- die Falz- und die Lochmarken

platziert werden, so dass später auf dem Vordruck ein Brief nach der DIN 5008 erstellt werden kann.

DIN 5008: Füllen der Briefvordrucke

Die DIN 5008 enthält wichtige Regeln für die Gestaltung von Geschäftsbriefen. Sie können nur berücksichtigt werden, wenn der Briefbogen optimal aufgebaut ist, also nach der DIN 676 gestaltet ist. Daher gilt die DIN 676 als Gestaltungsrichtlinie, die DIN 5008 als Ausführungsrichtlinie. Natürlich muss man sich nicht sklavisch an die beiden DIN-Werke halten. Kleinere Abweichungen sind je nach Unternehmensinteresse völlig in Ordnung.

> Beachten Sie jedoch, dass Briefbeförderer wie die Post es insbesondere bei Massensendungen nicht gerne sehen, wenn sie z. B. mit nicht maschinenlesbaren Formaten konfrontiert werden. Die Einhaltung der DIN-Standards garantiert, dass die Versendung rasch und reibungslos erledigt wird und Sie hier keinen Ärger bekommen.

Der Absender

Dic Absenderangaben stehen bei Geschäftsbriefen in der Regel im sogenannten Briefkopf.

Im Briefkopf

Jedes Unternehmen hat natürlich seinen eigenen Briefkopf. Wie dieser gestaltet wird, bleibt der Phantasie und Kreativität der beauftragten Grafiker oder der Firmeninhaber überlassen. Damit aber ein Briefbogen sauber gefalzt, gelocht und in Fensterbriefhüllen verschickt werden kann, sollte man bei aller Kreativität auch die DIN 676 beachten: Sie bestimmt zwei Größen für den Briefkopf, die als Form A und Form B bezeichnet werden.

Form	Höhe des Briefkopfs	Eignung
Form A	27 mm	Für kleinere Firmenlogos
Form B	45 mm	Übliche Variante für Geschäftsbriefe

Ohne Briefkopf

Bei Briefbögen ohne Aufdruck beginnt der Absender in der fünften Zeile beziehungsweise 16,9 mm unterhalb der Blattkante. Die Absenderangaben beinhalten: Name, Straße / Postfach, Ort und das Land (falls der Brief ins Ausland geschickt wird). Telefon- und Faxnummern sowie die E-Mail-Adresse können Sie ebenfalls hier platzieren.

Die einzelnen Absenderangaben werden nicht durch Leerzeilen getrennt.

Versand mit Fensterbriefhüllen

Absenderangaben können im Feld über der Postversandadresse stehen, wenn der Brief in Fensterbriefhüllen versendet wird. Es wird dort nur die Postanschrift des Absenders angegeben.

Absenderangabe – Eckdaten	
Textpositionierung im Briefbogen	**Bei Form A:** 2,0 cm zur linken Blattkante 2,7 cm zur oberen Blattkante
	Bei Form B: 2,0 cm zur linken Blattkante 4,5 cm zur oberen Blattkante
Größe	0,5 cm x 8,5 cm.
Schriftgrößen	zwischen 6 und 8 Punkten
Besonderheiten	Das gesamte Feld ist optisch durch einen waagerechten Strich vom nachfolgenden Feld für die Versandadresse deutlich abzusetzen.

So sieht die Adresse mit Absenderabgabe für Fensterbriefhüllen dann aus:

Meinau GmbH, Wiener Str. 50, 30099 Musterstadt

Einschreiben
Herrn Rechtsanwalt
Dr. Justus Fischer
Brauereistr. 5
89067 Musterstadt

Absenderangabe über dem Adressfeld für Fensterbriefe

Die Adresse

Die Adresse muss unbedingt fehlerfrei sein! Denn: Ein Fehler – und Ihr Geschäftspartner ist verärgert, noch bevor er seinen Brief überhaupt geöffnet hat. Die Anschrift ist nämlich das Erste, was die Empfänger Ihrer Briefe sehen. Die DIN 5008 definiert daher detailliert, welche Elemente eine Adresse enthält und wie sie korrekt aufgebaut ist.

Format und Aufbau

Kein Briefelement war bisher so vielen DIN-Änderungen unterworfen wie das Anschriftenfeld. Auch die aktuelle DIN 5008 aus dem Jahr 2005 hat das Feld nochmals optimiert.

Anschriftenfeld – Eckdaten	
Zeilenzahl	Neun Zeilen
Zeilen 1 – 3	Zusätze und Vermerke wie z. B. „Einschreiben", „Büchersendung", „Nicht nachsenden". Es wird von unten begonnen. Nicht benutzte Zeilen bleiben leer.
Zeilen 4 – 9	Die eigentliche Adresse
Größe	4,0 x 8,5 cm
Schriftgröße	Empfohlen sind 10 Punkt, auf keinen Fall kleiner als 8 Punkt
Besonderheiten	Keine Leerzeilen zwischen den Adressdaten

So sieht die Adresse dann aus:

(leer)
(leer)
(leer)
Herrn Rechtsanwalt
Dr. Justus Fischer
Brauereistr. 5
89067 Musterstadt
(leer)
(leer)

Anschriftenfeld bei Inlandsanschrift

Sieht Ihr Anschriftenfeld so aus, wie oben dargestellt, können die automatischen Lese- und Sortiermaschinen der Briefbeförderer die Briefe schneller ordnen und sie ohne Verzögerung an den Empfänger weiterleiten.

> Verwenden Sie als Schriftgröße am besten 10 Punkt. Bei kleineren Schriftgrößen sollten Sie auf serifenlose Schriften zurückgreifen, z. B. Arial oder Helvetika. Kleiner als 8 Punkt darf die Anschrift jedoch keinesfalls sein, sonst ist sie nur noch schlecht lesbar.

Titel- und Amtsbezeichnungen

Berufs- und Amtsbezeichnungen wie Rechtsanwalt und Direktor stehen neben „Frau" bzw. „Herrn" in der ersten Zeile. Titelbezeichnungen wie Doktor, Diplom-Kaufmann und Diplom-Ingenieur hingegen stehen unmittelbar vor dem Namen und werden in der Regel abgekürzt. Das gilt auch für die Bezeichnung „Professor" – egal ob es sich um eine Amtsbezeichnung oder einen akademischen Grad handelt. Der Grund für diese Vereinheitlichung: Der Absender kann nicht wissen, ob sein Adressat tatsächlich an einem Lehrstuhl tätig ist oder ob der „Professor" für einen akademischen Grad steht.

Beispiele

Herrn Rechtsanwalt
Dr. Heinz Müller

Frau Direktor
Professor Maria Meier

Herrn
Dipl.-Ing. Manfred Maler

Paare als Adressaten

Verheiratet, unverheiratet oder mit Doppelnamen – für Paare gibt es keine allgemeingültige Anrede. Vielmehr variiert sie je nach Konstellation des Paares. In der folgenden Übersicht sind die richtigen Anreden zusammengefasst. Eine Grundregel gilt jedoch für alle Fälle: Als Erstes steht die Frau, dann folgt der Mann. Alternativ ist auch die Anrede mit „Fam." (für Familie) möglich. Sie eignet sich allerdings nur bei einem persönlichen Schreiben und spricht alle Mitglieder der Familie an und schließt also auch die Kinder mit ein.

Greifen Sie niemals – auch nicht als Notlösung – auf veraltete Formulierungen, wie „Herr Robert Müller und Gattin" zurück. Machen Sie sich stattdessen die Mühe und finden Sie den korrekten Namen des Partners heraus, um auch ihn oder sie persönlich anzusprechen.

Konstellation	Anrede
Ehepaar	Frau und Herrn Andrea und Martin Müller
Alle Mitglieder einer Familie (auch Kinder)	Familie (Fam.) Müller
Unverheiratetes Paar	Frau Andrea Meier Herr Martin Müller
Partner trägt Doppelnamen	Frau Andrea Meier-Müller Herrn Martin Müller
Partner hat Titel	Frau Dr. Andrea Müller Herrn Martin Müller

Inlands- und Auslandsanschriften

Das Länderkennzeichen vor der Postleitzahl (z. B. D für Deutschland) sollte bei deutschen Adressaten nicht mehr verwendet werden. Bei Inlandsanschriften wird auch der Ortsname nicht hervorgehoben.

Anders hingegen bei Auslandsanschriften: Die Angabe des Bestimmungslandes – in der letzten Adresszeile in Großbuchstaben und als deutscher Begriff ausgeschrieben – ist im Gegensatz zu früher jetzt ein Muss (z. B. PORTUGAL oder ITALIEN). Der Bestimmungsort wird dagegen möglichst in der Sprache des Bestimmungslandes und auch in jedem Fall in Großbuchstaben geschrieben (z. B. LISBOA oder ROMA).

(leer)
(leer)
(leer)
Deutsch-Portugiesische Industrie- und Handelskammer
Av. da Liberdade, 38-2
1269-039 LISBOA
PORTUGAL
(leer)
(leer)

Anschriftenfeld bei EU-Auslandsanschrift

(leer) (leer) Lamberts Ltd Mr Mike Mulling Dpt Engineering A 3450 Player Rd LAS VARDAS, CA 88088 USA (leer) (leer)

Anschriftenfeld bei USA-Auslandsanschrift

Unser Zeichen & Co.

Auf welches Schreiben bezieht sich Ihr Brief? Unter welcher Telefonnummer oder E-Mail-Adresse erreicht Sie Ihr Ansprechpartner bei Rückfragen? Und wohin kann er Ihnen gegebenenfalls Unterlagen faxen? Alle diese Informationen sind in der Bezugszeichenzeile und im Informationsblock enthalten. Letzterer bietet größtmöglichen Platz für zusätzliche Angaben. Hier können Sie z. B. auch Ihre Bankverbindung oder die Umsatzsteuer-Identifikationsnummer platzieren.

Die Bezugszeichenzeile

Die DIN 676 sagt klar, wie die sogenannte Bezugszeichenzeile aussehen sollte, in der z. B. Ihre Nachricht, Unser Zeichen, Ansprechpartner, Datum und weitere Angaben stehen. Die Bezugszeichenzeile steht unter dem Adressfeld und wird durch zwei Leerzeilen von ihm abgesetzt. Die Leitwörter wie

z. B. „Ihr Zeichen" oder „Ihre Nachricht, vom" stehen dabei in der ersten, die entsprechenden Bezugsangaben in der nachfolgenden Zeile. Sind die Bezugszeichen zu lang, können Sie dafür auch zwei Zeilen nutzen.

(leer)
(leer)
Lamberts Ltd
Mr Mike Mulling
Dpt Engineering A
3450 Player Rd
LAS VARDAS, CA 88088
USA
(leer)
(leer)

Ihr Zeichen	Ihre Nachricht, vom	Unser Zeichen	Unsere Nachricht, vom	Telefon, Name	Datum
mm	12.12.09	AlmP	13.11.2009	-123, Almeier	23.12.09

Zweizeilige Bezugszeichenzeile

Sollten in Ihrem Unternehmen die Leitwörter auf Geschäftsbriefbögen nicht ohnehin vorgedruckt sein, halten Sie unbedingt folgende Reihenfolge ein, wobei nicht benötigte Leitwörter natürlich entfallen können:

1 Ihr Zeichen
2 Ihre Nachricht, vom
3 Unser Zeichen
4 Unsere Nachricht, vom
5 Telefon, Name
6 Datum

Bezugszeichenzeile – Eckdaten	
Position der Leitwörter vertikal	**Bei Form A:** In Zeile 20 oder mit Abstand von 8,04 cm zur oberen Blattkante
	Bei Form B: In Zeile 24 oder mit einem Abstand von 8,46 cm zur oberen Blattkante
Position der Leitwörter horizontal	2,41 cm Abstand zur linken Blattkante bzw. bei Grad 10, 30, 50 und 70
Einzelne Leitwörter	Linksbündig angeordnet
Bezugszeichen zu den Leitwörtern	Bündig in der nächsten Zeile oder in den nächsten zwei Zeilen, je nach Platzbedarf

Die Kommunikationszeile

Umfassen die Kommunikationsangaben in einem Geschäftsbrief mehr als nur die Telefonnummer, die in der Bezugszeichenzeile genannt ist, wird eine sogenannte Kommunikationszeile in der letzten Zeile (neunte Zeile) des Anschriftenfelds eingefügt. Sie beginnt 125,7 mm vom linken Blattrand. Dort stehen zusätzliche Angaben wie E-Mail-Adresse und Faxnummer. Ebenso wie bei den Bezugszeichen stehen die

Leitwörter in der ersten, die entsprechenden Angaben folgen in der zweiten Zeile.

		Telefax 069 399- 23456	E-Mail e.schmitz@bau.de
Ihr Zeichen, Ihre Nachricht vom s-a 06-05-13	Unser Zeichen, unsere Nachricht vom ke-pl 06-05-07	Telefon, Name 0201 199- 1234 Elke Schmitz	Datum 06-05-20

Kommunikationszeile

Kommunikationsfeld – Eckdaten	
Position der Leitwörter vertikal	**Bei Form A:** In Zeile 16 oder mit 6,35 cm Abstand zur oberen Blattkante. **Bei Form B:** In Zeile 20 oder mit 8,04 cm Abstand zur oberen Blattkante.
Position der Leitwörter horizontal	12,57 cm Abstand zur linken Blattkante bzw. bei Grad 50
Einzelne Leitwörter	Jeweils Einheiten von 25,4 mm, linksbündig angeordnet
Bezugszeichen zu den Leitwörtern	Bündig in der nächsten Zeile

Die Alternative: Der Informationsblock

Da in Geschäftsbriefen für die Bezugszeichen- und Kommunikationszeile wenig Platz ist, bietet sich bei umfangreicheren Angaben ein Informationsblock an. Gliedern Sie den Informationsblock in drei Bereiche, indem Sie vor Ihrem Namen und vor dem Datum jeweils eine Leerzeile lassen.

(leer)
(leer)
Lamberts Ltd
Mr Mike Mulling
Dpt Engineering A
3450 Player Rd
LAS VARDAS, CA 88088
USA

Ihr Zeichen:
Ihre Nachricht, vom:
Unser Zeichen:
Unsere Nachricht, vom:

Name:
Zimmer:
Telefon:
Telefax:
E-Mail:
Steuernummer:

Datum:

Informationsblock

Wie bei der Bezugszeichenzeile sollten Sie auch hier folgende Reihenfolge der Leitwörter einhalten:

1 Ihr Zeichen
2 Ihre Nachricht, vom
3 Unser Zeichen
4 Unsere Nachricht, vom
5 Name, Telefon
6 Telefax
7 E-Mail
8 Datum

> Setzen Sie hinter jedes Leitwort einen Doppelpunkt, z. B. „Name: Anna Meier".

Informationsblock - Wichtige Eckdaten	
Position des Informationsblocks	Auf der rechten Seite des Briefbogens, parallel zur Empfängeranschrift, auf gleicher Höhe mit der ersten (Leer-)Zeile des Anschriftenfeldes.
Größe	Maximal 7,62 cm breit.
Schriftgröße	Mindestgröße von 6 Punkt
Anschluss zu nächstem Briefelement	Nach dem Informationsblock zwei Leerzeilen, erst dann folgt der Betreff.

Sie können den Informationsblock um weitere notwendige Angaben ergänzen, wie Zimmer, Bankleitzahl und Steuernummer. Fügen Sie diese Informationen am besten in den zweiten Teil des Informationsblocks ein – also zusätzlich zu Ihrem Namen und Ihrer Telefon- und Faxnummer.

Das Datum

Platziert wird das Datum entweder in der Bezugszeichenzeile oder im Informationsblock. Es gibt verschiedene Möglichkeiten, wie Sie das Datum schreiben können. Das Datum sollte vorrangig nach folgendem Raster dargestellt werden: „Jahr-Monat-Tag". Die Reihenfolge sowie die Untergliederung mit

Mittestrichen und ohne Leerzeichen sind dabei nach der DIN 5008 verbindlich.

Schreibweise	Beispiele	Hinweise
Jahr-Monat-Tag	2009-05-22 09-05-22	Entspricht der europäischen Norm, v. a. für den internationalen Schriftverkehr empfehlenswert. Das Jahr kann auch zweistellig angegeben werden, wenn es die Verständlichkeit nicht beeinträchtigt.
Tag.Monat.Jahr	22.05.2009 22.05.09	Dies ist die üblichste Schreibweise in Deutschland.
Tag. (als Zahl) Monat (als Text) Jahr (als Zahl)	22. Dezember 2009 22. Dezember 09	Früher weit verbreitet, kann auch heute noch so verwendet werden.

Die Betreff-Zeile

Der Betreff dient der knappen, aber aussagekräftigen Information und weckt das Interesse des Kunden oder des Geschäftspartners. Darüber hinaus erleichtert ein prägnanter Betreff dem Leser den Einstieg in den Brief. Deshalb sollte der Betreff die wesentliche Information auf den Punkt bringen.

(leer)
(leer)
(leer)
Herrn
Dipl.-Ing. Markus Keller
Keilstr. 13
89789 Musterstadt

Ihr Zeichen:
Ihre Nachricht, vom:
Unser Zeichen:
Unsere Nachricht, vom:

Name:
Telefon:
Telefax:
E-Mail:

Datum:

(leer)
(leer)
Projektgespräch am 12.09.2009 in München

Betreffzeile

Die richtige Form für den Betreff

Betreffzeile – Eckdaten	
Leerzeilen	immer zwei Leerzeilen vorher
Position vertikal	**Bei Form A:** Mit einzeiliger Bezugszeichenzeile: Beginn bei Zeile 24 oder 9,74 cm von der oberen Blattkante Ohne Bezugszeichenzeile: Beginn bei Zeile 20 oder 8,04 cm von der oberen Blattkante **Bei Form B:** Mit Informationsblock: Beginn bei Zeile 28 oder 11,43 cm von der oberen Blattkante

	Ohne Bezugszeichenzeile: Zeile 24 oder 9,74 cm von der oberen Blattkante
Position horizontal	Am linken Rand, d. h. bei Grad 10 oder nach 2,41 cm von der linken Blattkante.
Anschluss zu nächstem Briefelement	Nach Betreff-Text zwei Leerzeilen

Das früher vorangestellte Leitwort „Betreff" wird nicht mehr geschrieben.

Im Betreff-Text stehen keine Schlusspunkte, jedoch alle anderen Satzzeichen, also auch Fragezeichen usw. Hervorhebungen des Betreff-Textes sind zulässig, jedoch ausschließlich durch Fettschrift oder Farbe – durch seine Position auf dem Briefblatt ist der Betreff ja eh schon hervorgehoben.

Die Teilbetreffe

Die sogenannten Teilbetreffe unterteilen den Brieftext und sind Kurzüberschriften zu einzelnen Absätzen. Sie stehen wie der eigentliche Betreff am linken Rand und enden mit einem Schlusspunkt. Der Folgetext schließt in derselben Zeile nach einem Leerschritt an.

> Liebe Mitarbeiterinnen, liebe Mitarbeiter,
>
> unsere Hauspostille „Haus-Intern" ist dieses Mal besonders gut gelungen. Das liegt nicht zuletzt an den vielen positiven Nachrichten, die wir vermelden können.
> **Die Neuigkeiten im Controlling: Zwei neue Mitarbeiter ab Mai.** Unser Unternehmen wächst. So nehmen am 1. Mai 2009 zwei neue Sachbearbeiter ihre Tätigkeit in unserer Abteilung auf. Frau Sarah Meier wird uns tatkräftig im Projektcontrolling unterstützen. Frau Mia Schneider wird das Team im Bereich Unternehmenscontrolling verstärken.
> **Aktuelles im Bereich „Projektentwicklung".** Auch hier ist Positives zu vermelden. Wir konnten zwei neue Projekte akquirieren. Ab Juni 09 werden wir jeweils in die Projektierungsphase eintreten ...

Der Teilbetreff

Die Anrede

Die DIN 5008 sieht vor, die Anrede zwei Zeilen nach der Betreffzeile zu positionieren. Wichtiger als diese korrekte Platzierung ist jedoch der Text, den man benutzt. Er ist die erste persönliche Ansprache im Brief und sollte daher sorgfältig und für den Anlass passend gewählt werden. „Sehr geehrte/r" ist wohl die häufigste Anrede in der geschäftlichen Korrespondenz, jedoch nicht die einzige mögliche. Sie können Briefe an Geschäftspartner durchaus auch mit „Guten Tag" eröffnen, ohne unhöflich zu wirken. Welche weiteren Formulierungen sind zeitgemäß, welche zu salopp, welche zu steif? Im folgenden zeigen wir Ihnen die Varianten.

Ansprechpartner beim Namen nennen

- Wenn Ihnen der Name des Empfängers bekannt ist, benutzen Sie ihn auf jeden Fall in der Anrede. Achten Sie unbedingt auf eine korrekte Schreibweise. Wenn Sie nicht sicher sind, fragen Sie lieber noch einmal nach. Ein falsch geschriebener Name ist eine schlechte Voraussetzung für eine gute Geschäftsbeziehung.

- Für den Fall, dass Sie keinen konkreten Ansprechpartner haben, verwenden Sie die Formulierung „Sehr geehrte Damen und Herren" – auch wenn Sie sich fast (!) sicher sind, dass entweder keine Frauen oder keine Männer Ihren Brief lesen werden.
- Wenn Sie den Namen des Adressaten zwar kennen, sich aber nicht sicher sind, ob dieser ein Mann oder eine Frau ist, z. B. weil es sich um einen ausländischen oder abgekürzten Namen handelt, schreiben Sie: „Sehr geehrte Frau Schuster oder sehr geehrter Herr Schuster".

„Guten Tag" oder „Sehr geehrter"?

Je nach Unternehmenskultur können Sie auch Varianten wie „Guten Tag, sehr geehrter Herr Klein", „Guten Tag, Herr Klein" oder bei Vertrautheit „Guten Tag, lieber Herr Klein" und „Lieber Herr Klein" anstelle des klassischen „Sehr geehrter Herr Klein" verwenden. Nutzen Sie diese Anreden aber nur, wenn Sie absolut sicher sein können, dass sie der Situation angemessen sind. Möglich, aber schon ein wenig aus der Mode gekommen und eher bei Damen als bei Herren zu verwenden, ist die Formulierung „Sehr verehrte Frau Groß".

Adressat	Regel	Beispiele
Bekannt	Immer den korrekten Namen nennen.	Sehr geehrter Herr Schuster, … Guten Tag, Herr Schuster,
Bekannt und vertraut	Immer den korrekten Namen nennen, evt. auf „Sehr geehrter …" verzichten.	Lieber Herr Schuster, … Guten Tag, lieber Herr Schuster …
Name unbekannt	Immer auf der sicheren Seite mit „Sehr geehrte Damen und Herren".	Sehr geehrte Damen, sehr geehrte Herren, … Sehr geehrte Damen und Herren, …
Name bekannt, Geschlecht unbekannt	Die Oder-Variante wählen.	Sehr geehrte Frau Schuster oder Herr Schuster, …

Mehrere Ansprechpartner

Nennen Sie immer die ranghöchste Person zuerst. Bei gleichrangigen Personen wird die Frau als erste angesprochen. In der Regel werden zwei Personen in einer Zeile genannt: „Sehr geehrte Frau Groß, sehr geehrter Herr Klein". Bei Doppelnamen und langen Namen verteilen Sie die Anrede aber besser auf zwei Zeilen.

Ansprechpartner hat einen Titel

Titelträger legen oftmals großen Wert auf die Nennung ihres Titels, zumindest im Schriftverkehr. Unterschlagen Sie also keine Titel und schreiben Sie diese unbedingt korrekt.

Titel	Regel	Beispiel
Doktor	Wird abgekürzt	Sehr geehrter Herr Dr. Weiß
Professor	Wird ausgeschrieben Mit „Frau/Herrn" und ohne möglich	Sehr geehrte Frau Professorin Weiß Sehr geehrte Profes- sorin Weiß
Professor und Doktor	Professor überlagert Doktor	Sehr geehrte Frau Professorin Weiß
Adelstitel	Entweder ohne „Herr/Frau" oder Adelstitel weglassen	Sehr geehrte Gräfin von Weilersbach Sehr geehrte Frau von Weilersbach
Amtsinhaber	Entweder nur mit Namen oder nur mit der Amtsbezeich- nung (Ausnahme: bei Ministern)	Sehr geehrter Herr Oberbürgermeister, Sehr geehrte Frau Ministerin Walter
Akademische Diplome, z. B. Dipl.-Ing.	Entfallen bei Anrede	Sehr geehrter Herr Jost

Der Einleitungssatz

Der erste Satz in Ihrem Geschäftsbrief kann darüber entscheiden, ob das Schreiben im Papierkorb landet oder positiv zur Kenntnis genommen wird. Verwenden Sie deshalb besondere Mühe auf die Formulierung des Einleitungssatzes.

Nicht nur bei Behörden und Juristen sehr beliebt ist die Formulierung „Mit Bezug auf ...“, wenn sie sich auf ein vorangegangenes Schreiben oder Telefonat beziehen. Mit dieser Bezugnahme versteckt sich der Schreiber hinter unpersönlichen Wendungen. Der Trend geht jedoch zur persönlichen Ansprache, um Kunden und Geschäftspartnern den Eindruck einer „Firma mit Gesicht“ zu vermitteln.

So nicht:	Besser so:
Mit Bezug auf Ihr Schreiben	Vielen Dank für Ihr Schreiben vom ...
Wir nehmen Bezug auf	Am ... haben wir Ihren Brief erhalten und ...
Bezug nehmend auf	Am ... haben Sie uns mitgeteilt, dass ...

Der eigentliche Brieftext

Nicht nur um die DIN 5008 einzuhalten, sondern damit der Leser nicht das Interesse am Brief verliert, sollte der Brieftext möglichst übersichtlich gestaltet sein.

Hier gilt es ein gesundes Mittelmaß zu finden. Der Brief sollte nicht zu wenig strukturiert sein, sonst verliert sich der Leser im Text und damit sein Interesse. Vermeiden Sie also Bleiwüsten, d. h. lange Texte ohne optische Unterbrechungen. Doch aufgepasst! Umgekehrt gilt wiederum: Weniger ist oft mehr. Zu viele verschiedene Elemente können zu Verwirrung beim Leser führen. Setzen Sie Hervorhebungen, Teilbetreffe, Absätze und andere Gestaltungsmittel daher ganz bewusst, einheitlich und sparsam ein. Finden Sie ein gesundes Mittelmaß zwischen Bleiwüsten und optisch allzu unruhigen Briefen. Die folgenden Ausführungen helfen Ihnen dabei.

Texte übersichtlich gliedern

Gliedern Sie Ihre Texte grundsätzlich in überschaubare Absätze, die inhaltlich logischen Einheiten entsprechen.

Absätze

- Keine zu langen Absätze! Ihre Absätze sollten möglichst nicht mehr als sieben bis acht kurze Sätze umfassen. Diesen Umfang kann Ihr Leser auf einen Blick erfassen.
- Keine zu kurzen Absätze! Ein Absatz nach jeder zweiten Zeile lässt Ihren Text unruhig wirken. Dem Leser fällt es dann schwerer, sich auf den Inhalt zu konzentrieren.
- Trennen Sie die einzelnen Absätze stets mit einer Leerzeile voneinander ab.

Aufzählungen

Innerhalb der einzelnen Absätze können Sie Ihren Text durch Aufzählungen weiter untergliedern. Auch hier gilt: Vor und nach der Aufzählung steht immer eine Leerzeile. Ob Sie zwischen den einzelnen Aufzählungspunkten ebenfalls Leerzeilen setzen, bleibt Ihnen überlassen. Allerdings sollten Sie sich innerhalb eines Schriftstücks für einen einheitlichen Aufbau entscheiden: Entweder Sie trennen alle Aufzählungspunkte durch eine Leerzeile oder gar keine.

Wichtiges hervorheben

Unsere Empfehlung: Entscheiden Sie sich am besten für eine einzige Art der optischen Hervorhebung – und setzen Sie sie sparsam ein. Dann fällt dem Leser das Hervorgehobene sofort auf. Haben Sie hingegen zu viele Textstellen betont, weiß er nicht, wo er zuerst hinschauen soll und legt Ihr Schreiben im schlimmsten Fall ungelesen zur Seite. Grundsätzlich sind viele Hervorhebungsarten möglich, jedoch sind nicht alle gleich empfehlenswert:

Hervorhebungsart	Empfehlungen
Fett- und Kursivschrift	Eignet sich gut nur für einzelne Worte oder Wortgruppen, aber nicht für längere Textabschnitte.
Großbuchstaben	Mittlerweile unüblich, da schwer lesbar. Für längere Textabschnitte nicht geeignet.
Unterstreichen	Sparsam verwenden, da Unterstreichungen auch schwierig lesbar sind. Gehören zu der Textstelle, die Sie her-

Hervorhebungsart	Empfehlungen
	vorheben möchten, auch Leer- oder Satzzeichen, so müssen Sie diese ebenfalls mit unterstreichen, z. B.: Wir behalten uns Änderungen vor.
Zentrieren	Wenn Sie einen Text mittig platzieren, so steht vor und nach diesem Abschnitt jeweils eine Leerzeile.
Einrücken	Eingerückte Textzeilen beginnen bei Grad 20 bzw. 4,95 cm vom linken Blattrand entfernt. Vor und nach dem eingerückten Text steht eine Leerzeile.
Farbige Schrift	Unüblich bei Geschäftsbriefen. Verzichten Sie daher möglichst auf diese Art der Formatierung.

Zeichen setzen

Zugegeben, die deutsche Sprache ist kompliziert, vor allem was Satzzeichen angeht. Schnell wird im Stress mal ein Komma oder ein Punkt vergessen. Bei Kunden oder Geschäftspartnern hinterlassen diese kleinen Unachtsamkeiten schnell einen unprofessionellen Eindruck. Was müssen Sie beachten, damit es nicht so weit kommt? Auch hier weiß die DIN 5008 zuverlässigen Rat.

Textzeichen

Typ	Regel/Beispiel
Satzzeichen (z. B. Punkt, Komma, Frage- und Ausrufungs- zeichen)	Immer ohne vorausgehende Leerstelle. Steht ein Abkürzungspunkt am Ende eines Satzes, folgt kein weiterer Satzschlusspunkt. Bsp.: Sie beschäftigen sich mit Finanzierung, Krediten usw.
Schräg- striche	Ohne Leerzeichen davor und danach Bsp.: Äpfel/Birnen, Trauben/Kirschen
Gedanken- striche	Halbgeviertstrich (langer „Mittestrich" = –). Alternativ auch der kürzere Mittestrich (-). Ein Leerzeichen davor und danach. Ausnahme: Folgt anschließend ein Satzzeichen, entfällt die Leerstelle nach dem zweiten Gedankenstrich. Bsp.: Sie vertreiben EU-Import-Autos – allesamt billige Modelle –, die sie aus Italien beziehen.
Apostroph	Steht in einem Wort ersatzweise für einen oder mehrere Buchstaben. Vorsicht: Steht beim Genitiv von Namen ohne Artikel nur, wenn der Name auf s, ss, tz, z, oder x endet. Bsp.: Das ist 's! Herrn Sachs' Berichte Nicht jedoch in: Claudias Berichte

Typ	Regel/Beispiel
Auslassungs-zeichen	Für ausgelassene Textteile stehen drei Punkte. Ersetzt es Wörter oder Wortgruppen, steht es zwischen Leerzeichen. Ersetzt es einen Teil eines Wortes wird kein Leerraum gesetzt. Ersetzt es Textteile am Ende eines Satzes, entfällt der Satzpunkt. Bsp.: Er sagte, ... und man habe sich bemüht, dass die Waren pünktlich geliefert werden. Auf dem Anhänger habe gestanden „...obst". Den vorderen Teil des Wortes habe er nicht lesen können ...
Anführungs-zeichen	Stehen ohne Leerzeichen jeweils vor und nach dem Text, den sie einschließen. Bsp.: Er meinte: „Sie werden expandieren.
Klammern	Stehen ohne Leerzeichen jeweils vor und nach dem Text, den sie umschließen. Vor der öffnenden und nach der abschließenden Klammer steht ein Leerzeichen, es sei denn, es folgt ein Satzzeichen. Sie können, je nach Kontext, runde, eckige und spitze Klammern verwenden: (...), [...] und <...> Bsp.: Sie vertreiben Äpfel und Birnen (Kirschen und Trauben haben sie nicht mehr im Sortiment).

Schriftzeichen

Typ	Regel/Beispiel
Nummern	Die Worte und Kürzel „Nummer, Nummern, Nr., Nrn." können Sie jeweils durch ein einzelnes „Gatter"-Zeichen (#) ersetzen, wenn ihnen Zahlenangaben oder Ziffern beigeordnet sind. Dieses Zeichen wird nach rechts und links mit einem Leerzeichen abgesetzt. Bsp.: Die Eigentumswohnungen # 30 - 40 stehen zum Verkauf.
Paragraphen	In Verbindung mit Zahlen können Sie das Wort „Paragraph" durch das Zeichen § ersetzen. Mehrere Paragraphen werden mit zwei hintereinander stehenden Paragraphenzeichen dargestellt (§§). Nach dem letzten Paragraphenzeichen und vor den nachfolgenden Buchstaben oder Zahlen steht ein Leerzeichen. Bsp.: In den §§ 152 - 160 BGB und § 3 ZPO.
„und" in Firmenbezeichnungen	Sie können das buchhalterische Und-Zeichen (&) anstelle von „und" verwenden, sofern es Bestandteil der offiziellen Firmenbezeichnung ist. Vor und nach dem Zeichen steht ein Leerzeichen. Bsp.: Fa. Müller & Sohn

Typ	Regel/Beispiel
Streckenangaben	In Streckenangaben ohne Satzcharakter können Sie die Wörter „von, über, nach" durch den kurzen Mittestrich (-) oder den längeren Halbgeviertstrich (–) ersetzen Bsp.: Zugverbindung München – Hamburg
Geburts-/Sterbedatum	Für „geboren" verwendet man das „Sternchen"-Zeichen (*), für „gestorben" das Pluszeichen (+) Bsp.: Peter Müller, * 01.01.1932, + 31.12.2005
Prozentzeichen	Es steht immer hinter der Ziffer, getrennt durch eine Leerstelle. Bsp.: 50 % Rabatt, Ausnahme: 100%ig

Auch Zahlen zählen

Steht vor dem Währungszeichen eine Leerstelle? Schreibt man untereinander stehende Preise links oder rechtsbündig? Und werden Summen tatsächlich doppelt unterstrichen? Gerade beim Verfassen von Angeboten und Rechnungen tauchen solche Fragen immer wieder auf.

Maß- und Währungsangaben

Typ	Regel/Beispiel
Währungen	Vor dem Währungszeichen steht stets eine Leerstelle. Alle Währungszeichen können entweder vor und hinter dem dazugehörigen Betrag stehen. Wichtig ist nur, dass Sie sich bei einem Brief für eine Schreibweise entscheiden. Bsp.: 200 EUR, 2000 Euro
Maßeinheiten, z. B. Kilogramm (kg) oder Celsius (°C)	Sie werden durch ein Leerzeichen von der Größen- oder Mengenangabe getrennt. Bsp.: 1000 kg, 32 °C

Preislisten und andere Zahlenaufstellungen

Zahlenaufstellungen, wie Preislisten oder fortlaufende Rechnungsnummern, stehen immer rechtsbündig. Enthält eine Liste Dezimalstellen, z. B. Preise mit Euro- und Cent-Angaben, müssen die Dezimalzeichen exakt untereinander stehen. Dasselbe gilt für Rechnungen. Hier müssen immer die jeweils letzten Schriftzeichen senkrecht untereinander angeordnet sein. Gerade bei Proportionalschriften, also Schriften mit uneinheitlichen Zeichenbreiten, ist das nicht immer einfach. Da die gängigsten PC-Schriften Proportionalschriften sind, ist die händische Ausrichtung der einzelnen Beträge oftmals sehr zeitintensiv. Hier sieht man: Diese Regelung aus der DIN 5008 stammt noch aus Zeiten der Schreibmaschine. Denn die Schreibmaschinenschrift war – genauso wie die heutige Courier New – eine nicht-proportionale Schrift. Das heißt: Alle Zeichen waren gleich breit. Aber die DIN 5008 hat auf die Entwicklung reagiert und erlaubt jetzt auch bei Rechnungssummen den Einsatz von Tabellen oder Tabulatoren.

Abkürzen

Für Abkürzungen kennt die DIN 5008 zwei Regeln:

Regel	Beispiele
Kürzt man einen Begriff ab, spricht man beim Lesen aber trotzdem die Langform, so steht nach jedem abgekürzten Wort ein Punkt, gefolgt von einem Leerzeichen.	i. A. i. V. u. a. m. Ausnahmen: usw. und usf.
Kürzt man einen Begriff ab und spricht diese Kurzform beim Lesen wie ein eigenständiges Wort, steht nach und zwischen den Abkürzungen weder ein Punkt noch ein Leerzeichen.	UNO, Lkw, Pkw, GmbH, AG

Die Grußformel

Im Zweifelsfall liegen Sie mit den Formulierungen „Mit freundlichen Grüßen" oder „Mit freundlichem Gruß" immer richtig. Kürzen Sie diese Wendungen jedoch auf gar keinen Fall ab, z. B. mit „MfG", das wirkt unhöflich. Die Grußformel unterliegt weniger starken Konventionen als die Anrede. Sie können hier also kreativer werden. Die Standardformulierungen empfinden viele Leser als distanziert. Verwenden Sie also ruhig eine modernere Grußformel. Greifen Sie aber nicht aus falsch verstandener Höflichkeit auf verstaubte Formulierungen zurück. Hier einige Beispiele, wie es gar nicht geht und wie es gut geht:

So nicht:	Besser so:
Hochachtungsvoll	Mit freundlichen Grüßen aus Berlin
Mit vorzüglicher Hochachtung,	Freundliche Grüße und ein schönes Wochenende
Im Voraus bestens dankend empfehlen wir uns	Mit weihnachtlichen Grüßen
Mit freundlichen Grüßen verbleibe ich Ihr	Bis zu unserem Meeting in Hannover wünsche ich Ihnen alles Gute!
Mit verbindlichen Empfehlungen	Mit herzlichen Grüßen aus Hamburg

> Die Formulierung „Hochachtungsvoll" wird mittlerweile oft sogar als beleidigend empfunden, weil sie zu übertrieben wirkt.

Egal für welche Formulierung Sie sich entscheiden: Achten Sie bei Ihrer Auswahl immer darauf, dass die Grußformel zur verwendeten Anrede passt.

Anlagen- und Verteilervermerke

„Beigefügt finden Sie ..." So oder so ähnlich beginnen zahlreiche E-Mails, um den Empfänger auf einen Dateianhang aufmerksam zu machen. Doch auch Briefen kann man Dokumente beilegen. Hier sind Formulierungen wie „Anbei ..." allerdings tabu.

In E-Mails sieht der Empfänger durch die CC-Zeile, wer die E-Mail noch bekommen hat. In Briefen dient dazu der Verteilervermerk.

Auf Anlagen verweisen

Mit freundlichen Grüßen
(leer)
(leer)
(leer)
Anlagen
Zahlungserinnerung vom 12.09.2009
Mahnschreiben vom 12.10.2009

Der Anlagenvermerk

Nutzen Sie den sogenannten Anlagenvermerk, um den Adressaten auf eine Anlage zu Ihrem Schreiben hinzuweisen. So sieht der Leser auf den ersten Blick, welche weiteren Dokumente Sie an Ihrem Schreiben beigefügt haben.

Anlagenvermerk – Eckdaten	
Leitworte „Anlagen" oder „Anlage"	Können fett hervorgehoben sein. Es folgen weder Schluss- noch Doppelpunkte.
Position vertikal	Wenn Name des Unterzeichnenden nicht maschinell wiederholt wird: Mit drei Leerzeilen Abstand unter der Grußformel. Briefe mit maschineller Unterschrift: Nach der Unterschrift mit einer Leerzeile.
Position horizontal	Am linken Rand des Briefbogens bei Grad 10 oder 2,41 cm. Ausnahme: Aus Platzgründen auch neben dem Gruß und der Unterschrift möglich. Er steht dann eingerückt am linken Rand bei Grad 50 bzw. mit einem Abstand von 12,57 cm und ist durch eine Leerzeile von der letzten Zeile des Brieftextes getrennt.
Mehrere Anlagen	Wenn Sie die einzelnen Anlagen auflisten, dürfen Sie keine Aufzählungszeichen verwenden. Jedes beigefügte Dokument steht in einer separaten Zeile.

Mehrere Empfänger

Versenden Sie das Schreiben gleichzeitig an mehrere Personen, hilft ein Verteilervermerk, um die einzelnen Empfänger gegenseitig aufeinander aufmerksam zu machen. So vermeiden Sie, dass sich die Adressaten Ihren Brief gegenseitig weiterleiten, obwohl sie ihn alle erhalten haben. Der Verteilervermerk ist durch das gefettete Leitwort „Verteiler" gekennzeichnet und steht, getrennt durch eine Leerzeile, unterhalb des Anlagenvermerks. Die Leerzeile dient der Übersichtlichkeit, kann aber aus Platzgründen entfallen. Vor den einzelnen Personen stehen keine Aufzählungszeichen.

Das Kuvert

Die DIN-Normen geben Ihnen nicht nur Tipps und Hinweise zur korrekten Gestaltung von Geschäftsbriefen und E-Mails. Sie regeln auch die Beschriftung von Kuverts. Nur wenn Adresse, Absender und Zusatzvermerke an der richtigen Stelle stehen, können die Post oder andere Briefdienstleister Ihre Briefe schnell und zuverlässig zustellen. Zur korrekten Anschriftenplatzierung siehe Kapitel „Die Adresse" (S. 13).

Checkliste: Kuvertbeschriftung

- Lassen Sie z. B. unter der Anschrift unbedingt etwas Platz. Dieser wird zur Codierung Ihres Kuverts benötigt.
- Beschriften Sie Ihr Kuvert mit der vollständigen Empfängeradresse und vermerken Sie zudem Ihr Unternehmen als Absender. Ist Ihr Schreiben nicht zustellbar, erhalten Sie es so mit einem entsprechenden Hinweis zurück. Das gibt Ihnen die Möglichkeit, den Empfänger per E-Mail oder Telefon zu kontaktieren und ihn nach der korrekten Adresse zu fragen.
- Sollten Sie Ihre Briefumschläge nicht maschinell, sondern per Hand beschriften, bemühen Sie sich unbedingt um eine gut leserliche Handschrift. Denn es gibt nichts Ärgerlicheres als einen Rückläufer aufgrund einer nicht zu entziffernden Adresse.
- Drängen Sie die Anschrift zudem nicht zu sehr an die Ränder des Briefumschlags.

Das I-Tüpfelchen: Corporate Design

Mit jedem Brief, jedem Fax und jeder E-Mail wird auch ein Bild Ihres Unternehmens weitergegeben. Eine einheitliche Gestaltung all dieser visuellen Elemente verhilft zu einem hohen Wiedererkennungswert bei Kunden und Geschäftspartnern. Indem Sie für die Kommunikation Standards und Werte festlegen, geben Sie Ihren Mitarbeitern außerdem eigene Richtlinien neben den DIN-Normen vor und ersparen ihnen gleichzeitig viel Zeit.

Das Corporate Design (CD) ist Teil der Corporate Identity eines Unternehmens und ist definiert durch grafische Konstanten, die in einem „Corporate Design Manual", „Kommunikations-Styleguide" oder aber auch in einer „Schreibweisenliste" unternehmensintern festgehalten werden können.

Beispiel

Zu diesen grafischen Konstanten zählen z. B. das Firmensignet, die Logo- und Hausfarben, die verwendeten Schrifttypen, typografische und grafische Vorgaben für die Gestaltung und die Papierwahl von Geschäftsausstattung, Anzeigen, Verpackungen, Beschilderungen etc.

Für jeden Geschäftsanlass der richtige Brief

Wer in Zeitnot ist, dem fallen die korrekten Formulierungen oft nicht leicht. Umso mehr gilt dies, wenn der Anlass eines Briefes kein positiver ist, sondern wenn Unangenehmes oder sogar Schlechtes mitgeteilt werden muss.

Hier finden Sie als Formulierungshilfe zahlreiche Musterbriefe, wie z. B.

- Absagen (S. 48),
- Beschwerden (S. 55),
- Mahnungen (S. 87),
- Preiserhöhungen (S. 91).

Absagen

Absagen sind sowohl für den Verfasser als auch für den Empfänger unangenehm. Der Absagende will sein Gegenüber möglichst nicht verletzen. Wie man das am besten bewerkstelligt, ist von Situation zu Situation unterschiedlich. Es gibt jedoch einige simple Grundsätze, die man beachten sollte:

So sagen Sie empfängerorientiert ab	
Zeitnah	Sagen Sie rechtzeitig ab und schieben Sie Absagen nicht auf. Für Ihr Gegenüber ist es z. B. leichter, Alternativen zu suchen, wenn er rechtzeitig informiert wird.
Sachlich	Suchen Sie immer sachliche Gründe für die Absage, auch wenn in Wirklichkeit persönliche Gründe hinter der Absage stehen.
Gründe erklären	Geben Sie Ihrem Gegenüber echte sachliche Argumente an die Hand, warum Sie absagen, damit er die negative Nachricht verstehen oder zumindest nachvollziehen kann.
Mit den Augen des Empfängers	Lesen Sie die Absage mit den Augen des Empfängers: Ist sie zu hart formuliert?

Vorsicht bei Absagen an einen Job-Bewerber. Hier gilt das Allgemeine Gleichbehandlungsgesetz: Vermeiden Sie Absagegründe, die auf eine Ablehnung wegen des Geschlechts, der Religion, der sexuellen Orientierung oder der nationalen Zugehörigkeit schließen lassen.

Absage an einen Bewerber

Ihre Bewerbung vom 5. April 2009

Sehr geehrter Herr Dr. Klein,

wir danken Ihnen noch einmal für Ihre Bewerbung und für Ihr Interesse an einer Mitarbeit in unserem Unternehmen.

Zwischenzeitlich haben wir die ausgeschriebene Stelle anderweitig besetzt.

Wir wünschen Ihnen, dass Sie bald eine Ihren Vorstellungen entsprechende Stelle finden. Gerne können Sie sich bei entsprechender Vakanz auch wieder bei unserem Unternehmen bewerben. Entsprechende Ausschreibungen können Sie jeweils unserer Homepage entnehmen.

Ihre übermittelten Bewerbungsunterlagen geben wir dankend zurück. Für Ihre berufliche Zukunft wünschen wir Ihnen alles Gute.

Mit freundlichen Grüßen

Absage einer Einladung von Geschäftspartner

Sehr geehrter Herr Groß,

herzlichen Dank für Ihre Einladung zur Eröffnung Ihrer neuen Geschäftsräume am 12. August 2009. Es freut mich sehr für Sie, dass Sie Ihren langjährigen Traum nun verwirklichen konnten.

Gern würde ich mit Ihnen gemeinsam dieses Ereignis feiern, aber wie immer, kommt auch diesmal alles zusammen. Gerade an diesem Tag werde ich meinen Jahresurlaub antreten und zum Zeitpunkt Ihrer Feierlichkeiten bereits im Flugzeug sitzen.

Selbstverständlich können Sie gleich im September mit meinem Besuch in Ihren neuen Räumlichkeiten rechnen.

Ich wünsche Ihnen ein gutes Gelingen zu der Eröffnung und weiterhin viel Erfolg,

Ihr

Stornieren einer Bestellung

Unsere Bestellung vom ...

Auftrag Nr. 4 - HL - 223 über Halogenleuchten

Sehr geehrte Damen und Herren,

soeben habe ich Ihren Mitarbeiter, Herrn Meier, telefonisch darüber informiert, dass wir den o. g. Auftrag stornieren müssen. Wir bedauern diese auch für uns überraschende Situation außerordentlich, aber unser Kunde hat heute seine Bestellung zurückgezogen.

Herr Meier hat uns zugesichert, dass unsere Bestellung aufgehoben wird. Bitte bestätigen Sie uns dies noch schriftlich.

Ihr Entgegenkommen ist sehr freundlich – vielen Dank!

Mit freundlichen Grüßen

Ablehnung der Stundung einer Forderung

Ihr Gesuch um Stundung unserer Forderung vom 3. Juni 2009

Sehr geehrter Herr Klein,

ich komme zurück auf Ihr Schreiben vom 12. August 2009, in dem Sie mich bitten, das Zahlungsziel für die am 20. August 2009 fällige Forderung in Höhe von EUR 6.225 um drei Monate zu verschieben.

Wir können Ihrem Wunsch nicht entsprechen, da unsere Produktkalkulationen nicht auf eine Verlängerung von Zahlungszielen ausgelegt sind. Als Alternative können wir Ihnen jedoch anbieten, den noch offenen Betrag in Raten zu zahlen. Bitte setzen Sie sich bei Interesse mit unserer Vertriebsmitarbeiterin Frau Ursula Müller (Tel.: 030 5788888) in Verbindung, die Ihnen die genauen Konditionen hierzu darlegen kann.

Mit freundlichen Grüßen

Ablehnung einer Spendenzahlung

Sehr geehrte Frau Fuhrmann,

vielen Dank für Ihr Schreiben vom 15. August 2009. Ihren Tag der offenen Tür zugunsten des Kinderheims in München-Hasenbergl hätte ich sehr gerne unterstützt. Leider habe ich zurzeit keinerlei Möglichkeiten für eine Sach- oder Geldspende. Der Grund: Unser Etat ist für dieses Jahr komplett ausgeschöpft.

Ich weiß, wie engagiert Sie sich um das Projekt kümmern. Gerade deshalb hätte ich gerne mit zum Erfolg beigetragen. Vielleicht gibt es eine andere Möglichkeit, Sie zu unterstützen. So stelle ich Ihnen am Tag der Veranstaltung gerne einige meiner Mitarbeiter oder Fahrzeuge zum kostenlosen Transport der Gäste zur Verfügung. Bitte rufen Sie mich doch in den nächsten Tagen einmal dazu an.

Falls Sie bereits jetzt wissen, dass Sie eine ähnliche Veranstaltung auch im nächsten Jahr durchführen, plane ich eine Spende gerne ein. Auch das können wir gerne bei unserem Telefonat besprechen.

Schon jetzt wünsche ich Ihnen für Ihre Veranstaltung alles Gute – vor allem einen gute Resonanz in der Bevölkerung.

Mit den besten Grüßen

Ihr

Ablehnen eines Rabattwunsches

Sehr geehrter Herr Möller,

Ihre Bestellung über 300 elektronische Briefwaagen können wir leider zu den von Ihnen gewünschten Bedingungen nicht ausführen. Unser Angebot vom 12. Juni 2009 sieht einen Rabatt von 10 % bei Abnahme von mindestens 400 Stück vor. Unser straffer Kalkulationsrahmen lässt Ihren Rabattwunsch von 15 % für 300 Stück leider nicht zu.

Unser äußerstes Angebot lautet daher: 450 Waagen mit 15 % Rabatt. Alle anderen Konditionen bleiben hiervon unberührt. Wir bitten um Ihre Bestätigung.

Mit freundlichen Grüßen

Anbieten

Professionell formulierte Angebote können entscheidend dafür sein, dass der Kunde Sie und nicht ein anderes Unternehmen beauftragt, auch wenn Ihr Preis über dem des Konkurrenten liegt.

> Sagt der Kunde „Ja" zu einem Angebot, führt das zu einem Vertrag. Das Angebot ist dann für beide Seiten verbindlich. Diese Wirkung vermeiden Sie, wenn Sie in den Briefen Worte wie „unverbindlich"oder „freibleibend" verwenden.

Die folgenden Formulierungsbeispiele zeigen Ihnen, wie ein vom Kunden verlangtes Angebot aussehen kann. Wenn es sich um ein unverlangtes Angebot handelt, lesen Sie bitte das Kapitel zum „Werben" (Seite XX).

Allgemeines Angebot

Angebot
Ihr Schreiben vom ...

Sehr geehrter Herr Robert,

wir danken für das Interesse, das Sie an unseren Produkten mit Ihrem Schreiben vom ... gezeigt haben. Mit getrennter Post senden wir Ihnen unseren neuesten Katalog zu. Unsere Preise entnehmen Sie bitte der beigefügten Exportpreisliste.

Außer dem Einführungsrabatt von 5 % sind wir bereit, Ihnen einen zusätzlichen Nachlass von 3 % bei Zahlung innerhalb von ... Tagen zu gewähren.

Wir hoffen, Sie bald von der exzellenten Qualität unserer Produkte überzeugen zu können.

Mit freundlichen Grüßen

Auf den Kunden zugeschnittenes Angebot

Angebot Nr. CFS12754/ON – 1.000 Werbeflyer

Sehr geehrter Herr Kleine,

vielen Dank für Ihre Anfrage vom 15. April 2009. Den Druck der 1.000 Werbeflyer übernehmen wir gerne für Sie:

Auflage:	1.000 Exemplare
Format:	DIN A4
Umfang:	1 Seite
Papier:	200 Gramm, weiß
Druck:	4/4-farbig
Verarbeitung:	gefalzt
Verpackung:	je 500 Exemplare im Graukarton

Nettopreis:	EUR 340,00
zzgl. 19 % Mwst.:	EUR 64,60
Gesamt:	EUR 404,60

Zahlung:	innerhalb von 30 Tagen
Skonto:	3 % Skonto bei Zahlung innerhalb von 10 Tagen
Lieferung:	KW 18, frei Haus

Dieses Angebot gilt bis zum 31. Mai 2009.

Haben Sie noch Fragen zu unserem Angebot? Sie erreichen mich unter der Telefonnummer 030 4589403-137. Oder schreiben Sie mir eine E-Mail an: info@gabler-druck.de.

Wir freuen uns über Ihren Auftrag!

Mit freundlichen Grüßen

Angebot verbunden mit Kostenvoranschlag

Sehr geehrter Herr Klein,

wie gestern in unserem Telefonat besprochen, übersende ich Ihnen den Kostenvoranschlag für unsere Klimaanlage B 34 und deren Installation. Ich bin sicher: Dieses Modell ist genau das, was Sie brauchen. Es ist ein Produkt von herausragender Qualität und genügt den vielfältigsten Anforderungen.

Wenn Sie uns innerhalb von acht Tagen Ihren Auftrag erteilen, können Sie von unserem besonders günstigen Angebot profitieren: Wir gewähren Ihnen dann 10 % Nachlass auf die Netto-Auftragssumme.

Die Lieferung erfolgt innerhalb von zwei Wochen und selbstverständlich auf unsere Kosten. Wir nehmen die Aufstellung sofort vor.

Für weitere Fragen stehen wir Ihnen gerne zur Verfügung.

Mit freundlichen Grüßen

Angebot von Handwerksarbeiten

Ihre Anfrage vom12. September 2009
Unser Angebotsnummer: 09/489 – Abdichtarbeiten

Sehr geehrte Damen und Herren,

wir führen seit Jahren erfolgreich Abdichtungsarbeiten bei sanierungsbedürftigen Gebäuden aus. Hierzu bedienen wir uns bewährter Lieferanten, mit denen wir dauerhaft zusammenarbeiten und auf eine langjährige gemeinsame Erfahrung zurückblicken können.

Wir können Ihnen die angefragten Arbeiten daher kurzfristig durch unseren Betrieb in Erlangen in Ihrer Nähe zum Preis von 37 Euro/Stunde anbieten. Wir arbeiten dabei auf der Grundlage unserer Allgemeinen Geschäftsbedingungen. Die Beendigung der Arbeiten können wir bei Auftragserteilung bis zum 12. Juli 2009 innerhalb von vier Wochen gewährleisten.

Sach- und fachgerechte Auftragsdurchführung sichern wir zu. Wir freuen uns auf Ihren Auftrag.

Mit freundlichen Grüßen

Beschweren

Sachliche Kritik üben – dieses Thema ist nicht ohne Grund ein beliebtes Thema von Seminarveranstaltern. Es ist nicht leicht, die Kritik so zu formulieren, dass sich der andere nicht persönlich angegriffen fühlt.

So beschweren Sie sich erfolgreich

- Reagieren Sie, sobald Sie den Anlass für die Beschwerde erkannt haben. Dies erhöht Ihre Glaubwürdigkeit – und Ihre Erfolgsaussichten.
- Sie können auch telefonisch reklamieren. Sie sollten dann aber zusätzlich einen Beschwerdebrief schreiben, um Ihrer Forderung Nachdruck zu verleihen.
- Überlegen Sie sich vorher, was Sie durch Ihre Reklamation rechtlich erreichen wollen bzw. lassen Sie sich darüber juristisch beraten. Was wollen Sie? Rückgabe der Ware und Rückzahlung des Geldes, Preisnachlass, Reparatur oder Umtausch?
- Verwenden Sie im Betreff den Begriff „Reklamation" oder „Beschwerde". Damit werden Missverständnisse von vornherein vermieden.
- Beschreiben Sie genau, was schief gelaufen ist und verdeutlichen Sie die Konsequenzen.
- Sagen Sie genau, was Sie erwarten. Setzen Sie eine klare Frist. Damit verleihen Sie Ihrer Forderung zusätzlichen Nachdruck.

- Fordern Sie den Empfänger ausdrücklich auf, den Eingang Ihres Schreibens schriftlich zu bestätigen und zu dem Vorfall Stellung zu nehmen.
- Versenden Sie mit Ihrem Beschwerdebrief Kopien aller Unterlagen und Vereinbarungen, die Ihre Forderung unterstreichen.

Formulieren Sie Beschwerdebriefe erst dann, wenn sich der erste Ärger gelegt hat, und lassen Sie einen neutralen Dritten den Brief lesen. So stellen Sie sicher, dass Ihr Brief auch wirklich sachlich ist.

Falsche Ware

Reklamation – Ihre Lieferung vom 15.5.2009

Unsere Bestellung X396 vom 1.5.2009

Sehr geehrte Damen und Herren,

Ihre gestern bei uns eingetroffene Sendung entspricht leider nicht unserer Bestellung Nr. X396 vom 1.5.2009. Wir hatten nur Produkte der 1. Wahl bestellt, erhalten haben wir jedoch ausschließlich 2. Wahl.

Wir nehmen an, dass es sich um einen Irrtum handelt und Sie die bestellten Artikel am Lager verfügbar haben. Da wir sie dringend benötigen, bitten wir um umgehende Lieferung zum 20.5.2009.

Wir machen Sie darauf aufmerksam, dass wir die irrtümlich gelieferten Artikel zu Ihrer Verfügung stellen. Entweder lassen Sie sie in unserem Lager abholen oder wir senden sie Ihnen auf Ihre Kosten zurück.

Bitte teilen Sie uns mit, wann wir mit der einwandfreien Ware rechnen können und wie wir hinsichtlich Ihrer Sendung vom 15.5.2009 verfahren sollen.

Mit freundlichen Grüßen

Zu späte Lieferung

Unsere Bestellung per E-Mail vom 12.6.2009

Ihre Auftragsbestätigung vom 13.6.2009

Sehr geehrter Herr Groß,

wir erwarten die Lieferung der von uns bei Ihnen bestellten Anrufbeantworter C 240/LP seit dem 15.6.2009. Unsere Lagerbestände sind aufgebraucht, sodass wir bei unseren Kunden in Lieferverzug geraten. Bitte senden Sie uns die bestellte Ware bis zum

23.6.2009

Wenn Sie diesen Termin nicht einhalten, werden wir vom Vertrag zurücktreten. Ansprüche gegen Sie wegen Schadenersatz behalten wir uns für diesen Fall ausdrücklich vor.

Mit freundlichen Grüßen

Schlechter Service

Sehr geehrte Frau Reiter,

am 5. Mai 2009 haben Sie uns 12 PCs 586 MMX/76UL geliefert. Im Kaufvertrag war auch der Umfang Ihrer Serviceleistungen genau definiert. Wie Sie sich erinnern, habe ich mich in den letzten sechs Monaten mehrfach über den schlechten Service Ihres Unternehmens beschwert. Nach jeder Beschwerde wurde der Service für kurze Zeit besser, um dann rasch wieder auf das alte Niveau zu sinken.

Ich fasse meine wichtigsten Beschwerden zusammen:

Wartung: Das Service-Personal muss in der Lage sein, einen Defekt innerhalb von 24 Stunden entweder zu beheben oder den PC austauschen. Ihr Service-Personal ist dazu aber nicht in der Lage. Erforderliche Arbeiten wurden nachlässig und nur auf ständiges Drängen hin ausgeführt.

Updates: Vertragsgemäß sollen wir unaufgefordert die Updates zu unseren Programmen von Ihnen erhalten bzw. soll Ihr Personal diese auf unseren PCs installieren. Tatsache ist, dass wir bis heute kein einziges Update erhielten, ganz abgesehen von einer fachgerechten Installation.

Ich erwarte von Ihnen innerhalb von 14 Tagen eine Bestätigung dieses Schreibens sowie einen Maßnahmenkatalog, um einen reibungslosen und raschen Service zu gewährleisten.

Sollte dies nicht der Fall sein bzw. sollte sich Ihr Service nicht deutlich verbessern, müssen wir uns für einen anderen Partner entscheiden.

Mit freundlichen Grüßen

Druckfehler

Sehr geehrte Damen und Herren,

für den 12. Juli 2009 hatten wir Ihnen den in Kopie anliegenden Druckauftrag erteilt. Dieser ist von Ihnen verändert worden, wie sich aus einem Vergleich unseres Manuskripts mit der letztlich erschienenen Anzeige ergibt.

Wir bitten, die Rechnung für die Anzeige zu stornieren. Eine fehlerfreie Wiederholung nützt uns nichts, da der Anzeigentext nicht mehr verwendet wird.

Wir bitten, in Zukunft dafür Sorge zu tragen, dass die Druckaufträge ohne Veränderung der Manuskripttexte ausgeführt werden. Sollte trotzdem der Fehler wiederholt werden, müssten wir uns – falls wettbewerbsrechtliche Ansprüche gestellt werden – juristische Schritte gegen den Verlag vorbehalten. Wegen der restriktiven Rechtsprechung im Wettbewerbsrecht sind wir zu diesem Hinweis gezwungen.

Mit freundlichen Grüßen

Anlage

Kopie des Manuskripts

Kopie der erschienenen Anzeige

Falscher Rechnungsbetrag

Ihre Rechnung In/09/776 vom 10. Oktober 2009

Sehr geehrte Damen und Herren,

vielen Dank für Ihre Sendung 09/776 Schurwolle-Strickwesten; es kam alles wohlbehalten an.

Bei Prüfung Ihrer Rechnung In/09/776 fiel uns auf, dass Ihre Zahlen nicht mit den unsrigen übereinstimmen. Ein kleiner Fehler muss sich beim Addieren der einzelnen Beträge eingeschlichen haben.

Die korrekte Summe beträgt **EUR 3.345** und nicht EUR 3.445.

Wir reichen Ihnen die Rechnung mit der Bitte um Korrektur des Betrages anbei zurück. Sobald wir die neue Rechnung erhalten haben, werden wir sie umgehend begleichen.

Mit freundlichen Grüßen

Unberechtigter Skontoabzug

Unsere Rechnung Nr. 09/56478

Skontoabzug

Sehr geehrter Herr Müller,

danke für Ihre Zahlung auf unsere Rechnung Nr. 09/56478. Überrascht hat uns, dass Sie einen Skonto-Betrag abgezogen haben, der zwischen uns nicht vereinbart war.

Um einer langfristigen Zusammenarbeit eine gute Grundlage zu schaffen, haben wir Ihnen bereits Sonderkonditionen eingeräumt. Unter diesen Umständen können wir weitere Abzüge nicht akzeptieren.

In diesem Fall werden wir die Differenz nicht nachfordern. Wir bitten Sie jedoch, in Zukunft den vollständigen Rechnungsbetrag zu überweisen.

Mit freundlichem Gruß

Beschwerden beantworten

Ist die Kritik von Kunden und Geschäftspartnern berechtigt, muss man Fehler eingestehen. Ist die Kritik aus der Luft gegriffen, muss man den anderen auf seinen Fehler hinweisen.

> Denken Sie immer daran: Wieder versöhnte Kunden werden zu begeisterten „Weiterempfehlern".

Auf Beschwerden zu antworten, ist nicht leicht, aber machbar, wenn Sie einige Regeln beachten:

So reagieren Sie auf Beschwerden

- Bleiben Sie sachlich, auch wenn der Kunde es nicht ist. Gerade in Briefen sollten Sie sich nie zu persönlichen Beleidigungen hinreißen lassen.
- Gestehen Sie Fehler ein, wenn sie wirklich gemacht wurden. Das wirkt sympathisch und menschlich. Jeder macht Fehler. Vergessen Sie eine Entschuldigung nicht. Sie ist das mindeste, wenn Fehler passiert sind.
- Übt der Kunde unberechtigte Kritik, weisen Sie ihn nicht allzu direkt darauf hin. Der Kunde sollte sich nicht bloß gestellt fühlen. Stellen Sie das „Missverständnis" richtig und erklären Sie es anschaulich.
- Lassen Sie sich in Angelegenheiten, die Sie rechtlich nicht übersehen können, erst einmal juristisch beraten. Oft hat das Eingeständnis eines Fehlers unangenehme Folgen, so z. B. bei Versicherungen.

Abhilfe bei berechtigter Beschwerde

Defekte Schalter

Ihre Beanstandung vom ...

Sehr geehrter Herr Schönbek,

haben Sie herzlichen Dank für Ihre offenen Worte.

Aus unserer langjährigen Geschäftsbeziehung wissen Sie, dass zufriedene Kunden für uns stets mehr zählen als schnelle Umsätze. Aus diesem Grund ist es wichtig für uns, rasch zu erfahren, wenn etwas einmal nicht so gelaufen ist, wie wir uns das alle wünschen.

In der Zwischenzeit haben wir den Vorgang überprüft. Wir haben festgestellt, dass versehentlich Waren, die an den Hersteller zurückgehen sollten, wieder in das Lager gelangt sind. Von dort wurden sie dann an Sie ausgeliefert. Wir bedauern dieses Versehen sehr.

Selbstverständlich nehmen wir die defekten Schalter zurück und Sie erhalten umgehend 250 einwandfreie Exemplare zum Nettopreis von 3,42 EUR/Stück. Sind Sie damit einverstanden? Bitte geben Sie uns kurz Nachricht. Vielen Dank.

Mit freundlichen Grüßen

Reaktion auf unberechtigte Beschwerde

Malerarbeiten in Ihrer Wohnung

Ihre Reklamation vom ...

Sehr geehrte Frau Graf,

es tut mir Leid, dass unsere Arbeiten in Ihrer Wohnung nicht zu Ihrer Zufriedenheit ausgefallen sind.

Auf Ihren Brief hin haben wir Kontakt mit dem Lösungsmittelhersteller aufgenommen. Er gab uns folgende Auskunft: Der von Ihnen geschilderte unangenehme Geruch der neu gestrichenen Heizkörper nach Lösungsmitteln lässt sich leider nicht vermeiden. Es gibt derzeit auf dem Markt keine Lösungsmittel, die geruchslos sind. Das Einatmen der Lösungsmitteldämpfe ist, so hat uns der Hersteller versichert, jedoch völlig ungefährlich.

Ich empfehle Ihnen, die Heizung für kurze Zeit voll aufzudrehen – zwei bis drei Stunden genügen – und dabei die Fenster weit zu öffnen. Der Lack trocknet dann ganz durch und der Geruch verschwindet.

Wir hoffen, Ihre Bedenken durch diese Mitteilungen zerstreut zu haben. Wenn Sie weitere Fragen haben, können Sie sich jederzeit gerne an uns wenden.

Mit freundlichen Grüßen

Reaktion auf unsachliche Beschwerde

Ihr Beschwerdeschreiben vom 12. Juli 2009

Sehr geehrte Frau Müller,

wir achten sehr auf die Qualität unserer Produkte und bemühen uns, sie stets in derselben einwandfreien handwerklichen Güte herzustellen, die uns zum Maßstab geworden ist. Da unsere Waren noch per Hand gefertigt werden und daher jedes Stück individuell ist, ist es jedoch nicht möglich, alle Stühle absolut gleich zu gestalten. Handwerksarbeit ist gerade wegen dieser Individualität eine Frage des Geschmacks des Einzelnen. Bitte haben Sie daher Verständnis dafür, dass wir Ihren Vorwurf, den wir hier nicht wiederholen wollen, weit von uns weisen.

Aus Kulanz, jedoch ohne Anerkennung einer Rechtspflicht sind wir gerne bereit, die Stühle zurückzunehmen. Bitte wenden Sie sich hierzu an unseren Mitarbeiter Herr Müller (Tel.: 089 45677).

Mit freundlichen Grüßen

Zwischenbescheid zu einer Beschwerde

Ihre Beschwerde vom 2. September 2009

Sehr geehrter Herr Groß,

es tut uns außerordentlich Leid, dass Sie mit den von uns gelieferten Werkzeugen nicht zufrieden waren. Wie Sie schreiben, waren einige Werkzeuge aus dieser Lieferung rostig.

In der Zwischenzeit haben wir unseren für Sie zuständigen Vertreter, Herrn Jan Müller, beauftragt, Sie unverzüglich zu besuchen und eine

Aufstellung der defekten Werkzeuge zu machen. Sobald wir Herrn Müllers Bericht vorliegen haben, setzen wir uns wieder mit Ihnen in Verbindung. Wir hoffen, die Angelegenheit einvernehmlich regeln zu können.

Bitte geben Sie uns einige Tage Zeit zur Überprüfung. Vielen Dank.

Mit freundlichen Grüßen

Bestätigen

Neben dem Bestätigungsschreiben zwischen Kaufleuten, das einen Vertrag rechtlich verbindlich besiegelt, wenn der andere nicht widerspricht, gibt es wohl tausend andere Anlässe, etwas zu bestätigen. So kann man z. B. den Eingang sensibler Dokumente, wichtige Termine oder auch den Inhalt von Telefonaten bestätigen. Bestätigen bietet sich immer dann an, wenn Sie Missverständnisse oder Irrtümer über den Inhalt einer Vereinbarung in Schwierigkeiten bringen könnten.

Kaufmännisches Bestätigungsschreiben

Durchführung von Sanierungsarbeiten im Anwesen Kellerstraße 5

Sehr geehrter Herr Maier,

zunächst vielen Dank für das uns von Ihnen entgegengebrachte Vertrauen. **Nachstehend habe ich das Ergebnis unserer Besprechung vom 12. Mai 2009 zusammengefasst:**

Sie übertragen uns die Arbeiten gemäß unserem Angebot vom 2. Mai 2009. In Abweichung von unserem Angebot haben wir folgendes vereinbart: ...

Wir werden mit den Arbeiten in der 24. Kalenderwoche beginnen. Sie werden bis zur 23. Kalenderwoche dafür sorgen, dass sämtliche Gegen stände aus den Hausfluren entfernt sind, so dass wir die Arbeiten ungehindert in Angriff nehmen können.

Die Arbeiten werden bis spätestens 9. Juli 2009 abgeschlossen sein. Für jeden Verspätungstag wird eine Vertragsstrafe in Höhe von EUR 200 fällig.

Für die Durchführung des Auftrags haben wir Geltung bis einschließlich Dezember 2009 vereinbart.

Mit freundlichen Grüßen

Eingang von Bewerbungsunterlagen

Ihre Bewerbung als Produktmanagerin vom 2. Juli 2009

Sehr geehrte Frau Kruschke,

wir bedanken uns für Ihre Bewerbung und Ihr Interesse an einer Mitarbeit als Produktmanagerin in unserem Unternehmen.

Wir möchten Ihre Bewerbungsunterlagen sorgfältig prüfen und werden dafür voraussichtlich zwei Wochen benötigen. Bitte haben Sie daher Verständnis, dass wir uns erst dann mit einer konkreten Stellungnahme wieder bei Ihnen melden.

Mit freundlichen Grüßen

Terminbestätigung

Projekt-Workshop am 13. Juni 2009

Sehr geehrte Frau Klein,

verbunden mit herzlichem Dank für das informative Telefonat vom heutigen Tage bestätigen wir den zwischen uns vereinbarten Termin zum Projekt-Workshop am

13. Juni 2009 um 15 Uhr in unseren Geschäftsräumen.

Sollten Sie in der Zwischenzeit Rückfragen haben, stehen wir Ihnen gern zur Verfügung.

Wir freuen uns auf eine gute Zusammenarbeit.

Mit freundlichen Grüßen

Bestätigung einer Aufgabenverteilung

Sehr geehrter Herr Dr. Wismut,

haben Sie vielen Dank für das konstruktive Gespräch vom heutigen Tage. Lassen Sie mich die von uns beschlossene Aufgabenverteilung kurz zusammenfassen.

Wir bereiten in unserer Firma die für die Präsentation wichtigen Zahlen und Fakten in Tabellenform auf und übersenden sie Ihnen spätestens bis zum 13. Juni 2009. Sie erstellen gemeinsam mit Ihrer Marketingabteilung die Power-Point-Präsentation und fügen unsere Zahlen in die Vorlagen ein. Am 20. Juli 2009 treffen wir uns erneut, um die Präsentation final abzustimmen und jeweils einen Vortragenden zu bestimmen.

Bitte lassen Sie es mich wissen, wenn ich wichtige Punkte nicht vollständig oder unzutreffend wiedergegeben habe.

Mit den besten Grüßen nach Berlin

Wenn der Inhalt des kaufmännischen Bestätigungsschreibens von dem vorher mündlich Vereinbarten abweicht und der Empfänger das Schreiben widerspruchslos entgegennimmt, gilt nach Handelsbrauch der Inhalt des Schreibens als der vereinbarte Vertragsinhalt – jedoch nur unter Kaufleuten, nicht gegenüber Privatpersonen.

Bestellen

Ein Unternehmen löst tagtäglich viele Bestellungen bei Lieferanten oder Subunternehmern aus. Während das bei bewährten Geschäftsverbindungen oft auf Zuruf funktioniert, sollte man Bestellungen bei neuen Lieferanten zunächst einmal auf schriftlichem Wege regeln. Nur so kann man Missverständnisse über wichtige Eckdaten der Bestellung vermeiden.

Bestellung

Unser Messe-Gespräch vom 3. März 2009, Bestellung

Sehr geehrte Damen und Herren,

wir beziehen uns auf die Unterredung, die wir mit Herrn Felix an Ihrem Stand auf der protech-Messe in Wien hatten, und bitten Sie, uns möglichst noch in diesem Monat

10 Exemplare Ihres neuen Modells A 44,

EUR 1.300,00 je Stück,

frei Hamburg, verpackungsfrei,

Bezahlung netto gegen Dokumente,

gemäß den Bedingungen Ihres Prospekts

zu schicken. Wenn die Apparate zu unserer Zufriedenheit ausfallen, haben wir möglicherweise schon in Kürze einen erheblich größeren Auftrag für Sie.

Mit freundlichen Grüßen

Danken

Dankschreiben sind gut für die Imagepflege. Ihr Geschäftspartner behält ein Dankeschön und damit auch Sie in guter Erinnerung. Damit ein solches Schreiben wirkt, sollte es aber nicht stereotyp formuliert, sondern auf den Anlass zugeschnitten sein.

So bedanken Sie sich formvollendet

- Je unerwarteter das Dankeschön ist, desto einprägsamer ist es für Ihr Gegenüber.
- Wenn ein Dankschreiben erwartet wird, so z. B. als Antwort auf Weihnachtsschreiben, Glückwünsche und Kon-

dolenzbriefe, ist es wichtig, dass Sie niemanden vergessen. Machen Sie daher eine Liste mit allen Kontakten. Hier notieren Sie natürlich auch Telefonate und persönliche Besuche.

- Häufig ist es sinnvoll, als Einstimmung noch einmal den Brief zu lesen, den Sie erhalten haben. Hier bieten sich ideale Ansatzpunkte für ein individuelles und persönliches Dankschreiben.
- Haben Sie ein Geschenk bekommen? Dann sollten Sie in Ihrem Antwortschrieben unbedingt darauf eingehen.
- Wichtig ist, dass Sie das Schreiben persönlich, glaubwürdig und vor allem individuell formulieren. Verzichten Sie auf Floskeln und langweilige Standardformulierungen.

Dank für Geduld

Sehr geehrte Frau Groß,

Sie haben viel Geduld gezeigt für die verspätete Auslieferung der von Ihnen bestellten Computerprogramme. Trotz Ihres eigenen Termindrucks haben Sie uns weit mehr Zeit gelassen als üblich, damit wir unsere eigene Produktion möglichst reibungslos in die neuen Räume verlegen konnten.

Das ist inzwischen geschehen und wir sichern Ihnen für die Zukunft neben der gewohnten Termintreue nun auch deutlich kürzere Produktionszeiten zu.

Mit der beiliegenden kleinen Aufmerksamkeit wollen wir unser herzliches Dankeschön für Ihr Entgegenkommen unterstreichen.

Mit freundlichen Grüßen

Dank an Kooperationspartner

Sehr geehrter Herr Dr. Klein,

Programmierkenntnisse und Personalleasing – wie passt das zusammen? Ich gebe zu: Auch ich war anfangs skeptisch, ob wir eine gemeinsame Sprache finden und unser Projekt erfolgreich meistern. Aber die vergangenen Monate haben bewiesen, wie gut sich unser jeweiliges Branchenwissen ergänzt. Ob unter Zeitdruck, am Wochenende oder nach kleinen Rückschlägen, Sie haben unser Projekt nie in Frage gestellt und waren in allen Situationen ein kompetenter und besonnener Ansprechpartner.

Das Ergebnis unserer Arbeit kann sich sehen lassen: Dank Ihnen verfügen wir jetzt über eine hochmoderne IT-Lösung, die unsere Geschäftsprozesse erheblich beschleunigt, die Mitarbeiter entlastet und damit Kosten spart.

Herr Dr. Klein, ich danke Ihnen für Ihr Engagement und für den schnellen und zuverlässigen Ausbau unserer IT-Infrastruktur.

Freundliche Grüße

Dank für Gastfreundschaft

Sehr geehrte Frau Meier,

herzlichen Dank für den angenehmen Empfang, den Sie unserem Team bereitet haben. Wir sind sicher, dass die zwischen Ihnen und uns getroffenen Vereinbarungen für beide Seiten zu einer allseits zufriedenstellenden Geschäftsbeziehung führen werden.

Mit freundlichen Grüßen

Dank für Einladung

Sehr geehrte Frau Meier,

vielen Dank für Ihre Einladung zur Münchner Messe „systems“. Ich freue mich darauf, Sie dort zu treffen und bestätige hiermit unseren vereinbarten Besprechungstermin: Montag, 18. April um 15 Uhr an Ihrem Stand.

Ich hoffe, dass Sie mir dann Ihre neue Computer-Generation vorführen können. Besonders neugierig bin ich darauf, mehr über die Vorteile Ihrer neuesten Entwicklungen zu erfahren.

Unserem Treffen sehe ich mit großem Interesse entgegen.

Mit freundlichen Grüßen

Dank für Glückwünsche zum Geburtstag

Sehr geehrter Herr Groß,

über Ihre Glückwünsche zu meinem Geburtstag habe ich mich sehr gefreut. Ebenso über die Flasche exzellenten Weines, die Sie den guten Wünschen beigelegt haben. Lassen Sie mich Ihr Präsent zum Anlass nehmen, Sie auf ein Gläschen Wein einzuladen, um mich persönlich bei Ihnen zu bedanken. Den Termin hierfür können wir dann ja beim nächsten geschäftlichen Treffen abstimmen.

Mit herzlichen Grüßen aus Hamburg

Dank an langjährigen Mitarbeiter

Lieber Herr Groß,

zwei Drittel Ihres Lebens verbinden Sie nun schon mit der Saalbach GmbH & Co. KG. In den vergangen 40 Jahren haben Sie zahlreiche Mitarbeiter kommen und wieder gehen gesehen. Ich selbst erinnere mich noch sehr gut an meinen ersten Arbeitstag hier im Unternehmen. Sie haben sofort angeboten, mir mit Rat und Tat zu Seite zu stehen.

In den vergangenen vier Jahrzehnten waren Sie für uns oftmals die sprichwörtliche Rettung in der Not. Mit Ihrer langjährigen Betriebszugehörigkeit verfügen Sie über wertvolles Erfahrungswissen. Ob Lieferverzögerungen oder Verarbeitungsfehler, stets konnten Sie unsere Kunden mit Ihrer besonnenen Art beruhigen – und meist sogar langfristig an unser Unternehmen binden. Unsere Mitarbeiter und Geschäftspartner schätzen Sie daher als kompetenten Ansprechpartner. Mit Ihrem Humor und Ihrer Menschlichkeit haben Sie sich bei uns allen unersetzlich gemacht.

Im Namen der gesamten Firma danke ich Ihnen für Ihre Zusammenarbeit und hoffe, dass Sie uns noch viele Jahre die Treue halten. Als kleine

Aufmerksamkeit zu Ihrem Jubiläum darf ich Ihnen mit den besten Wünschen der gesamten Geschäftsleitung eine „Treueprämie" in Höhe von 1.000 EUR überreichen. Wir wünschen Ihnen und Ihrer Familie viel Vergnügen damit.

Ihre Unternehmensleitung

Dank für Kondolenz

Lieber Herr Klein,

Ihre Anteilnahme hilft mir, die schwere erste Zeit nach dem Tod meiner Frau besser zu überstehen.

Ich weiß, wie sehr Sie meine Frau geschätzt haben, und es hat mir viel bedeutet, dass Sie an der Trauerfeier auf dem Lindauer Südfriedhof teilgenommen haben. Ihr Trost und Ihr Zuspruch spenden mir Kraft. Dafür danke ich Ihnen.

Ihr

Einladen

Eine gute Einladung zeichnet sich dadurch aus, dass sie den Eingeladenen klar über folgende Punkte informiert:

- Anlass,
- Datum,
- Termin und
- Ort.

Daneben gibt es je nach Anlass noch weitere Punkte zu berücksichtigen. Besteht bei festlichen Anlässen eine Kleiderordnung, z. B. Abendrobe, müssen Sie den Adressaten bereits in der Einladung darauf hinweisen. Ebenso, wenn der Gast selbst einen Beitrag zur Veranstaltung leisten soll, z. B. eine Rede halten.

Damit Sie planen können, sollten Sie bei Veranstaltungen, die mit organisatorischem Aufwand verbunden sind, auf der Einladung den Satz „Um Antwort wird gebeten bis ..." nicht vergessen.

Einladung zur Messe

Haus und Handwerk vom 15. - 20. Oktober 2009
Neuheiten im Bereich Hauselektrik

Sehr geehrter Herr Klein,

wir laden Sie herzlich zur Regionalmesse Haus und Handwerk im Messezentrum in Stuttgart ein.

Was erwartet Sie da? Auf weit über 500 qm Ausstellungsfläche präsentieren wir Produkte aus dem Bereich Hauselektrik.

Wir bieten Ihnen Information ohne Hektik und Zeitdruck. Unsere qualifizierten Mitarbeiter stellen die Neuheiten unseres Sortiments vor und beraten Sie individuell zu der für Sie günstigsten Lösung.

Der beigefügte Plan zeigt den Weg zur Stuttgarter Messe und die Lage unseres Messestandes in Halle V.

Bitte vereinbaren Sie mit unserer Frau Will (Tel.-Nr. 40 80-27), unserer Messekoordinatorin, in den nächsten Tagen telefonisch einen Besuchstermin, damit wir uns Ihnen während Ihres Aufenthaltes völlig ungestört widmen können.

Mit freundlichen Grüßen

Einladung zur Pressekonferenz

Neue Operationstechnik bei Gelenken
Mittwoch, den 13. September 2009, 11:00 Uhr, Industrie- und Handelskammer Stuttgart, Raum Bartholdy

Sehr geehrte Frau Ahlert,

die Strehler GmbH, Stuttgart, hat in Kooperation mit der medizinischen Fakultät der Universitätsklinik Tübingen eine völlig neue Miniatur-Spindel entwickelt, die künftig bei komplizierten computergesteuerten

Knie- und Hüftoperationen eingesetzt werden wird. Damit sind die Voraussetzungen für bahnbrechende, neue Operationstechniken in Gelenken geschaffen.

Dieses erfolgreiche Projekt und seine Konsequenzen für Patienten, Mediziner und die Medizintechnik wollen wir gerne vorstellen und laden Sie herzlich ein zur Pressekonferenz am Mittwoch, den 13. September 2009, um 11:00 Uhr in der Industrie- und Handelskammer Stuttgart, Raum Bartholdy.

Als Moderatoren und Referenten werden vertreten sein:

- Dipl.-Ing. Peter Strehler, Geschäftsführer Strehler GmbH
- Dip.-Ing. Klaus Kapf, Projektleiter Strehler GmbH
- Prof. Dr. med. Werner Schönbein, Universitätsklinik Tübingen
- Dr. med. Maria Schneider, Deutscher Ärztebund

Die Gesprächspartner stehen im Anschluss an die Pressekonferenz für weitergehende Fragen und Einzelinterviews zur Verfügung.

Wir würden uns freuen, Sie ab 12:30 Uhr zu einem Buffet begrüßen zu dürfen.

Bitte verwenden Sie das beiliegende Antwortfax. Ansprechpartnerin für weitere Fragen ist unsere Pressereferentin Nina Mahler, Tel. 0711 30056-20.

Mit freundlichen Grüßen

Einladung zum Vorstellungsgespräch

Ihre Bewerbung als Systemadministrator

Sehr geehrter Herr Dr. Meier,

wir bedanken uns für die Übersendung Ihrer Bewerbungsunterlagen und Ihr Interesse an einer Mitarbeit als Systemadministrator in unserem Hause. Wir möchten Sie gerne kennen lernen. Als Gesprächstermin haben wir den

den 3. Juni 2009 um 15 Uhr

vorgesehen.

Ihr Gesprächspartner wird Herr Groß sein, der Sie zu diesem Termin im Foyer unseres Geschäftsgebäudes in der Kurzstraße 10 in 10333 Berlin erwartet.

In der Anlage finden Sie eine Anfahrtsskizze zu unserem Unternehmen. Selbstverständlich erstatten wir Ihnen Ihre Fahrtkosten – auf Nachweis und auf Basis eines 2. Klasse Tickets der Deutschen Bahn. Bitte schicken Sie uns dazu nach dem Termin Ihre Fahrtkostenbelege unter Angabe Ihrer Bankverbindung und Kontonummer.

Bitte bestätigen Sie diesen Termin kurz telefonisch bei Frau Müller unter o. g. Rufnummer.

Wir freuen uns, Sie bald persönlich kennen zu lernen.

Mit freundlichen Grüßen

Einladung der Mitarbeiter zur Weihnachtsfeier

Liebe Mitarbeiterinnen und Mitarbeiter,

ein turbulentes Jahr liegt hinter uns. Gerade in den vergangenen Monaten mussten wir mehrfach auf neue Situationen reagieren – sei es der Großauftrag aus Ungarn, die Auslagerung unserer Auftragsabteilung oder der Umzug in unser neues, größeres Fabrikgelände am Rande der Stadt.

Doch wir haben alle Herausforderungen bravourös gemeistert – auch dank Ihrer Unterstützung und Ihres Einsatzes. Oft blieb dabei jedoch keine Zeit, das Geleistete zu überdenken und gebührend zu loben. Das möchten wir jetzt nachholen! Bevor wir Sie in die wohl verdienten Weihnachtsferien verabschieden, laden wir Sie daher

am Mittwoch, den 19. Dezember 2007, um 17.30 Uhr

ins Restaurant „Hirschhausen"

zu unserer Weihnachtsfeier ein. Hier können wir uns das Zurückliegende noch einmal in Erinnerung rufen und das Jahr feierlich ausklingen lassen.

Bitte geben Sie uns bis zum 19. November Bescheid, ob Sie an der Weihnachtsfeier teilnehmen. Füllen Sie dazu einfach unten stehende Antwortkarte aus und werfen Sie sie in den Sekretariatsbriefkasten im Erdgeschoss.

Natürlich darf auch dieses Mal das besondere Extra zum Jahresausklang nicht fehlen. Unter dem Motto „Genießen mit allen Sinnen" wollen wir Ihnen die Zeit zwischen den einzelnen Gängen versüßen. Was das genau bedeutet? Lassen Sie sich überraschen! Selbstverständlich können auch Sie sich an unserem Showprogramm beteiligen. Egal ob magisch, tänzerisch, gesanglich oder mit einer witzigen Parodie – senden Sie Ihre Vorschläge an weihnachtsfeier@schokoladenfabrik.de. Unser Organisationsteam wird dann alles Weitere mit Ihnen besprechen. Wir freuen uns auf Ihre Ideen und Ihr Engagement!

Eine besinnliche Vorweihnachtszeit wünscht Ihnen

Ihre Geschäftsleitung

Glückwünsche verschicken

Um Geschäftskontakte zu pflegen, kann es durchaus hilfreich sein, auch zu privaten Anlässen zu gratulieren. Auch innerhalb eines Unternehmens kann es für ein gutes Betriebsklima nicht schaden, größere private Feste der Mitarbeiter mit Glückwünschen zu begleiten. Glückwünsche auszudrücken, die über „Alles Gute zum ..." hinausgehen, ist nicht leicht, dann oft weiß man so gar nichts Persönliches über den Geschäftspartner oder den Mitarbeiter. Im folgenden finden Sie einige Anregungen, wie Sie Glückwunschschreiben persönlicher gestalten können.

Weihnachtsgrüße an Geschäftspartner

Sehr geehrter Herr Dr. Klein,

am Ende eines jeden Jahres kommt die Zeit der Rückschau und der Vorschau. Es gilt, Bilanz zu ziehen aus dem, was war, und Pläne für die Zukunft zu gestalten.

Sie haben uns im vergangenen Jahr als Partner begleitet. Gemeinsam mit Ihnen konnten wir Ziele erreichen und Projekte realisieren. Für diese von gegenseitiger Wertschätzung und persönlicher Achtung getragene Kooperation dürfen wir uns hiermit ganz herzlich bedanken.

Mit neuen Ideen möchten wir die Zusammenarbeit mit Ihnen zum gemeinsamen Nutzen fortsetzen.

Für das kommende Weihnachtsfest und den Jahreswechsel wünschen wir Ihnen eine Zeit der Ruhe und Besinnung im Kreis Ihrer Familie und Freunde, schöne Weihnachtsfeiertage und einen guten Start ins Jahr 2010.

Mit freundlichen Grüßen

Weihnachtsgrüße an Mitarbeiter

Liebe Mitarbeiterinnen und Mitarbeiter,

das Jahr 2008, das sich nun langsam dem Ende zuneigt, war für unsere Firma nicht immer ein leichtes Jahr: Umstrukturierungen, Umsatzeinbrüche wegen zunehmender Konkurrenz und kleinere Widrigkeiten, wie die Einführung eines neuen EDV-Systems und die damit verbundenen Umstellungen – alle diese Faktoren haben dazu beigetragen, das wir unser Unternehmensziel für dieses Jahr nicht ganz erreicht haben.

Trotzdem können wir auch große Erfolge vermelden: So haben wir mit Miller Design Factory Inc. einen wichtigen neuen Großkunden für uns gewonnen. Auch haben wir die Produktionslaufzeiten entscheidend verkürzen können. Der Umzug in die neuen Geschäftsräume vollzog sich nahezu reibungslos.

All das wäre ohne Sie und Ihr Engagement für unser Unternehmen nicht möglich gewesen. Wir freuen uns darauf, mit Ihnen die Herausforderungen, die auch das neue Jahr ohne Zweifel mit sich bringen wird, ebenso kraftvoll und ideenreich zu meistern wie in 2008.

Für die anstehenden Feiertage wünschen wir Ihnen und Ihrer Familie ein friedliches und harmonisches Fest und ein erfolgreiches neues Jahr.

Mit freundlichen Grüßen

Ihr

Geburtstagswünsche an einen Geschäftspartner

Sehr geehrter Herr Klein,

zu Ihrem 40. Geburtstag unsere herzlichen Glückwünsche, denen sich auch Herr Meier aus dem Rechnungswesen und Herr Schmitz aus unserer Marketingabteilung anschließen. Wir wünschen Ihnen für die kommenden Jahre viel Erfolg und alles Gute und hoffen, dass Sie heute die Zeit finden, sich feiern zu lassen.

Mit einem erlesenen Tropfen möchten wir Ihnen eine besondere Freude bereiten und Ihnen zeigen, dass wir in Gedanken bei Ihnen sind.

Mit den besten Wünschen und Grüßen

Genesungswünsche an kranken Mitarbeiter

Lieber Herr Meier,

die Meldung über Ihren Skiunfall hat uns sehr getroffen. Die Information, dass es Ihnen trotz der schweren Verletzungen schon den Umständen entsprechend gut geht, hat uns sehr gefreut.

Im Namen der Geschäftsleitung und aller Mitarbeiter senden wir Ihnen die allerbesten Genesungswünsche, verbunden mit einem kleinen Blumengruß.

Wenn wir etwas für Sie tun können, lassen Sie es uns wissen.

Mit den besten Grüßen

An Mitarbeiter zur Geburt eines Kindes

Liebe Frau Klein,

**„Wenn Dein Kind klein ist, gib ihm Wurzeln,
wenn Dein Kind groß ist, gib ihm Flügel."**

Mit diesem chinesischen Sprichwort möchten wir Ihnen auf das Herzlichste gratulieren und Ihnen unsere Glückwünsche übermitteln. Wir wünschen Ihnen, dass Sie mit Ihrem Nachwuchs viele wunderbare Stunden verleben und Sie das Leben auch für sich ein Stück weit neu entdecken.

Mit den besten Wünschen und Grüßen

Zur Hochzeit

Alles Gute für Ihren gemeinsamen Lebensweg

Sehr geehrter Herr Dr. Klein,

am 10. Mai 2009 haben Sie geheiratet. Verbunden mit den herzlichsten Glückwünschen der Geschäftsleitung und aller Kollegen gratulieren wir Ihnen zu diesem schönen Ereignis und wünschen Ihnen fröhliche Stunden zu zweit.

Mit den besten Wünschen und Grüßen

An Geschäftspartner zur Beförderung

Sehr geehrter Herr Dr. Groß,

wie ich von unserem gemeinsamen Geschäftsfreund Herrn Dr. Müller hörte, sind Sie zum Partner Ihrer Kanzlei ernannt worden. Diese Mitteilung hat mich sehr gefreut, da ich davon überzeugt bin, dass Sie genau die Eigenschaften sowie beruflichen Fähigkeiten und Erfahrungen besitzen, die Sie für diese Aufgabe benötigen.

Alle meine Kollegen schließen sich mir an und senden Ihnen die besten Glückwünsche. Wir freuen uns auf die weitere Zusammenarbeit mit Ihnen.

Mit den besten Wünschen

Informationen einholen

Bei Mitarbeitern, Kunden oder Geschäftspartnern Informationen anzufragen, gehört zum täglichen Geschäft in einem Unternehmen. Der Aufbau und Inhalt Ihrer Anfrage hängt vor allem vom Produkt oder von der Dienstleistung ab, zu der Sie etwas wissen möchten. Je präziser Sie Ihre Anfrage formulieren, desto genauer wird die Antwort ausfallen.

Wichtige Punkte für Angebotsanfragen

- Nennen Sie den Grund für Ihre Anfrage.
- Stellen Sie kurz Ihr Unternehmen dar.
- Beschreiben Sie das gewünschte Produkt oder die Dienstleistung detailliert.
- Beschreiben Sie dic Qualitätsanforderungen und die Verwendungsart genau.
- Fragen Sie nach den Zahlungsbedingungen.
- Fragen Sie nach Garantie- und Serviceleistungen.
- Beschreiben Sie Liefermenge, -termin und -ort.

Angebotsanfrage bei Geschäftspartner

Angebot über Playstations

Sehr geehrter Herr Kupfer,

wir bitten um Ihr Angebot für 150 Playstations mit folgenden technischen Daten:

32-Bit-Konsole

4-Spieler-Modus

1 Controller

AV-Kabel

Scart-Adapter

Ohne Spielkassette

Geben Sie uns bitte Ihre Lieferzeit, Gewährleistung und Zahlungsbedingungen an. Bitte senden Sie uns Ihr Angebot – mit Verkaufs- und Lieferbedingungen – bis spätestens zum 12. Mai 2009.

Vielen Dank im voraus.

Angebotsanfrage bei Werbeagentur

Werbekampagne in den U.S.A.

Sehr geehrte Damen und Herren,

Sie wurden uns von unseren Geschäftsfreunden der Firma Stock & Partner in Düsseldorf als eine kompetente PR-Agentur empfohlen.

Wir sind einer der führenden Hersteller von Radar-Antennen in Europa. Um Ihnen eine Vorstellung von unserem Unternehmen zu geben, legen wir einige Bildprospekte bei. Da wir auf dem nordamerikanischen Markt Fuß fassen möchten, planen wir eine große Werbekampagne in den ganzen Vereinigten Staaten. Wir stellen uns einen Zeichen-Wettbewerb über Radar-Antennen vor, mit einem ersten Preis von $ 25.000, an dem jeder teilnehmen kann. Insgesamt gibt es mehr als 300 Gewinne mit einem Gesamtwert von über $ 100.000.

Der Einsendeschluss ist der 15. März 2010. Die Gewinner werden vor oder am 1. Mai benachrichtigt. Jeder Teilnehmer erhält eine Liste mit allen Gewinnern. Die Zeichnungen können gegenständlich oder abstrakt sein. Eines unserer Ziele – neben der Werbung – ist es, neue Talente zu entdecken.

Was die Ideen anbelangt, haben Sie völlige Wahlfreiheit. Wir verlassen uns auf Ihre professionelle Erfahrung im Entwerfen von Werbekampagnen. Die Gesamtausgaben müssten noch diskutiert werden; sie dürfen jedoch $ 40.000 nicht übersteigen.

Falls Sie daran interessiert sind, für uns zu arbeiten, setzen Sie sich bitte mit Herrn Jan Müller in Verbindung (Tel. ++49 89 312-445). Wir hoffen auf eine positive Nachricht und sind gespannt auf Ihre Vorschläge.

Mit freundlichen Grüßen

Angebotsanfrage bei neuem Lieferanten

Sehr geehrte Damen und Herren,

der Fachzeitschrift „Licht" lag ein Prospekt Ihres Unternehmens bei. Wir sind eine bekannte und gut eingeführte Elektrogroßhandlung in Hannover und wollen unser Sortiment um Lampen und Leuchten für den Bürobedarf erweitern. Bitte senden Sie uns deshalb ein ausführliches Angebot über

- 300 Schreibtischleuchten ALPHA, Katalog-Nr. 2241/ABL
- 200 Schreibtischleuchten EQUILIS, Katalog-Nr. 3412/EQL

Wann können Sie frühestens liefern?

Wir interessieren uns für Ihre (Staffel-)Preise und Zahlungsbedingungen sowie für Ihre Rabattstaffelungen gewähren Sie?

Bitte senden Sie uns auch Ihren neuesten Katalog mit Preisliste.

Vielen Dank!

Mit freundlichen Grüßen

Anfrage nach Infos bei neuem Lieferanten

Bitte senden Sie mir Informationsmaterial zu Ihrem Unternehmen und zu Ihren Produkten

Sehr geehrter Herr Kunstmann,

vielen Dank für das freundliche Telefonat und die Informationen zu Ihrem Sortiment. Ihr Unternehmen hat in der Branche einen guten Ruf als zuverlässiger Hersteller und Lieferant. Dieser Eindruck hat sich in unserem Gespräch bestätigt.

Wir möchten unsere Angebotspalette erweitern. Deshalb ziehen wir eine Zusammenarbeit mit Ihnen in Betracht. Bitte senden Sie uns bis zum 30. September 2009 neben konkreten Produktbeschreibungen und Mustern folgende Unterlagen zu:

- Ihren Gesamtkatalog
- Aktuelle Preisliste mit Gültigkeitszeitraum
- Ihre aktuellen Geschäftsbedingungen
- Liefer- und Zahlungsbedingungen für Großkunden
- Rabattstaffeln

Ihre Unterlagen werden wir genau prüfen und uns einen Überblick über die Konditionen verschaffen. Hierfür werden wir etwa zwei Wochen benötigen. Während dieser Phase ist ein Besuch Ihres Außendienstes nicht notwendig. Nach Abschluss der internen Prüfung melden wir uns wieder bei Ihnen.

Vielen Dank, dass Sie sich jetzt gleich um unsere Anfrage kümmern.

Freundliche Grüße

Ausschreibung

Möchten Sie unser neues Büro einrichten?

Sehr geehrter Herr Groß,

wir planen derzeit die Möblierung unserer neuen Geschäftsräume und haben uns für eine Ausstattung der Büros mit dem CARDINAL-Programm der Firma Seiwert entschieden. Wie wir aus Ihrem Firmenprofil ersehen konnten, führen Sie dieses Programm.

Ich arbeite als Architekt und habe sechs Mitarbeiter. Wir benötigen

- acht Schreibtische,
- acht Schreibtisch-Stühle,
- sechs Aktenschränke,
- vier Sideboards,
- einen Tisch mit zehn Stühlen für den Besprechungsraum,
- eine Theke für den Empfang.

Die Lieferung der Möbel muss am 12. August 2009 frei Haus erfolgen. Mit diesem Schreiben erhalten Sie Fotos und einen Grundriss der Büroräume. Ich habe alle benötigten Möbel mit konkreten Maßen eingezeichnet.

Bitte machen Sie mir bis zum 15. Mai 2009 ein schriftliches Angebot mit Liefer- und Zahlungsbedingungen. Für Ihre Fragen stehe ich gerne telefonisch zur Verfügung: 0221 / 225678.

Ich freue mich auf Ihr verbindliches Angebot.

Freundliche Grüße

Suche nach richtigem Ansprechpartner

Sehr geehrte Damen und Herren,

wir wenden uns heute an Sie in der Gewissheit, dass Sie uns mit Ihrer fundierten Branchenkenntnis Auskunft erteilen können.

Wir sind eine renommierte Tischlerei in München und sehen uns mit der Frage konfrontiert, ob die Heim- und Handwerkermesse, die vom 8. bis 12. Mai in Detmold stattfindet, geeignet wäre, unsere Dienstleistungen zu präsentieren. Es ist uns bisher nicht gelungen, Informationen über die Organisatoren zu erhalten. Daher wären wir Ihnen sehr verbunden, wenn Sie uns mitteilen würden, an wen wir uns wenden können.

Beiliegend überreichen wir Ihnen einen Prospekt, der die Leistungen unseres Unternehmens ausführlich darstellt.

Mit freundlichen Grüßen

Buchungsanfrage an Hotel

Anfrage wegen Seminaraufenthalts vom 30.10.2009 bis 5. 11.2009

Sehr geehrte Frau Meier,

Ihr Haus wurde mir von Frau Dr. Klein, Technische Universität Saarbrücken, empfohlen. Bitte unterbreiten Sie mir Ihr Angebot für folgende Leistungen:

Termin / Dauer des Aufenthaltes:

Ankunft am 30.10. vormittags ca. 11:00 Uhr,

Abreise am 05.11. ebenfalls vormittags ca. 09:30 Uhr.

Teilnehmer:

14 Personen, alle EZ, DU / Bad, WC.

Verpflegung:

Vollpension, einschließlich eines Getränkes zum Mittag- und Abendessen. In den Seminarpausen – je eine vor- und nachmittags – Warm- und Kaltgetränke sowie Obst und kleine Erfrischungen in entsprechender Anzahl.

Seminarraum:

ca. 35 qm, U-förmige Sitzordnung, OHP mit LC-Display, Flipchart, Pinwand.

Und nicht zuletzt noch die Frage: Welche Freizeitmöglichkeiten bietet Ihr Haus?

Bitte lassen Sie mir Ihr Angebot möglichst kurzfristig zukommen, damit wir rechtzeitig planen können.

Herzlichen Dank im voraus!

Mit freundlichen Grüßen

Anfrage nach vorzeitigem Liefertermin

Unsere Bestellung über 50 Adaptermotoren Typ 1421 vom 3. Mai 2009, Ihre Auftragsbestätigung vom 6. Mai 2009

Sehr geehrter Herr Meier,

wir danken Ihnen für Ihre Auftragsbestätigung über die Lieferung von 50 Adaptermotoren Typ 1421, mit der Sie auch den von uns gewünschten Liefertermin bestätigen.

In der Zwischenzeit erhielten wir einen Großauftrag und benötigen deshalb die Motoren dringend.

Wir bitten Sie, uns kurzfristig mitzuteilen, ob Sie uns die 50 Motoren bereits Ende Juli liefern können.

Mit freundlichen Grüßen

Unser Auftrag vom 13. Juni 2009

Sehr geehrte Damen und Herren,

heute erhielten wir die Anfrage von einem unserer Großkunden, ob eine Teillieferung möglich ist. Unser Kunde benötigt 1.000 Stück aufs Dringendste vorab.

Wir bitten Sie, die Angelegenheit zu prüfen und uns mitzuteilen, ob Sie diese Menge kurzfristig liefern können. In diesem Fall bitten wir Sie um genaue Lieferangabe.

Mit freundlichen Grüßen

Andere informieren

Wenn Sie Kunden, Geschäftspartner oder Mitarbeiter über etwas informieren wollen, sollten Sie sich von folgenden Grundsätzen leiten lassen:

Regel	Umsetzung
Kommen Sie schnell zum Punkt.	Das Informationsschreiben sollte maximal eine Seite lang sein, damit der Leser nicht das Interesse verliert.
Setzen Sie Highlights, um dem Leser die Erinnerung an die Information zu erleichtern.	Der Kernpunkt der Information sollte bereits im Betreff stehen. Heben Sie im Text das Wesentliche fett hervor.
Strukturieren Sie die Informationen.	Wenn es z. B. darum geht, Aufgaben zu verteilen, lassen Sie sich von folgender Frage leiten: „Wer macht was bis wann wozu?" Gliedern Sie Ihr Schreiben entsprechend.

Vorstellung eines neuen Kollegen

Wir bekommen tatkräftige Unterstützung!

Liebe Kolleginnen und Kollegen,

nächste Woche ist es soweit: Herr Lehmann verstärkt unser Vertriebsteam als Key Account Manager. Nach der Einarbeitungsphase wird er unseren Direktvertrieb unterstützen. Da Herr Lehmann bereits auf mehrere Jahre Vertriebserfahrung zurückblickt, erhoffen wir uns von ihm vor allem neue Impulse für unsere künftige Strategie. Doch zunächst muss er sich in unserem Unternehmen einleben. Daher bitte ich Sie, ihn vor allem in den ersten Tagen und Wochen in seinem neuen Aufgabenfeld tatkräftig zu unterstützen. Schließlich haben wir alle einmal neu angefangen.

Herr Lehmann wird seinen Arbeitsplatz künftig in der 2. Etage, im Zimmer 234 haben. Sie erreichen ihn unter der Durchwahl -047 oder per E-Mail unter r.lehmann@cardinal.de.

Selbstverständlich werde ich am kommenden Montag eine kleine Einführungsrunde mit unserem neuen Kollegen machen, sodass Sie ihn bei dieser Gelegenheit bereits kurz kennenlernen können.

Ihr

Mitteilung an Geschäftspartner über Personalwechsel

Sehr geehrte Damen und Herren,

wir möchten Sie darüber informieren, dass Herr Günter Peters nicht mehr für uns tätig ist. In den nächsten Tagen wird sich unser neuer Mitarbeiter, Herr Lars Müller, mit Ihnen in Verbindung setzen, um sich bei Ihnen persönlich vorzustellen. Herr Müller verfügt über langjährige Erfahrung im Bereich der Wartung von EDV-Systemen und wird Sie bald von seinem Können überzeugen.

Mit freundlichen Grüßen

Eröffnung einer neuen Zweigstelle

Neue Filiale ab 12. September 2009

Sehr geehrter Herr Klein,

unser Unternehmen wächst. Wir freuen uns, Ihnen heute die Eröffnung einer neuen Filiale ankündigen zu können. Ab dem 12. September 2009 finden Sie uns auch in der

Hartmannsweiler Str. 12

12122 Kunststadt

Auch wenn wir uns vergrößern, bleibt doch die individuelle Beratung der Kunden unser erstes Ziel. Daher werden wir Sie auch am neuen Standort durch qualifiziertes Personal persönlich und auf Ihre Bedürfnisse zugeschnitten beraten können. Gut geschulte Mitarbeiter unserer bestens ausgestatteten Service-Abteilung übernehmen sowohl Routinechecks als auch Reparaturen an sämtlichen Geräten, die bei uns gekauft oder geleast wurden.

Schauen Sie doch mal vorbei, wir freuen uns!

Mit freundlichen Grüßen

Anschriftenänderung wegen Umzug

Neue Anschrift ab 12. Mai 2009

Sehr geehrte Frau Hetzl,

unser Unternehmen wächst.

Daher beziehen wir neue Geschäftsräume. Unsere Anschrift ab dem 12. Mai 2009 lautet:

Versicherungsbüro Neuss

Karwendelstr. 17

82467 Garmisch

Telefon- und Faxnummer ändern sich nicht.

In den nächsten Tagen erhalten Sie Ihre persönliche Einladung zur Einweihung unserer neuen Geschäftsräume. Bitte reservieren Sie sich schon jetzt den 3. Mai 2009 für Ihren Besuch in Garmisch.

Mit freundlichen Grüßen

Mahnen

Allzu große Außenstände kann sich kein Unternehmen leisten. Wenn ein Kunde seine Rechnungen nicht bezahlt, bleibt also oft nichts anderes übrig, als dem Kunden eine Zahlungserinnerung und dann zwei oder mehr Mahnschreiben zu schicken. Mahnungen lösen in der Regel Verzugszinsen beim Kunden aus, die Sie dann neben der eigentlichen Forderung von ihm verlangen können. Jedoch nur, wenn Sie korrekt gemahnt haben und angemessene Fristen zur Zahlung gesetzt haben. Mahnungen sollten Sie daher mit viel Sorgfalt und bei hohen Beträgen eventuell sogar mit dem Beistand eines Juristen formulieren. Weitere Informationen finden Sie im TaschenGuide „Mahnen und Vollstrecken".

Auf keinen Fall sollten Sie bei der ersten Zahlungserinnerung schon mit juristischen Schritten drohen. Sie laufen sonst Gefahr, Ihren Kunden, der die Zahlung vielleicht nur vergessen hat, auf Dauer zu vergraulen.

Zahlungserinnerung (Erste Mahnung)

Rechnung-Nr. 87543 vom 5. April 2009

Sehr geehrte Frau Klein,

uns ist aufgefallen, dass Sie unsere Rechnung vom 5. April 2009 über 399,90 EUR bis heute noch nicht überwiesen haben.

Dies ist sicher Ihrer Aufmerksamkeit entgangen und wir bitten Sie, den Rechnungsbetrag in den nächsten Tagen zu überweisen. Falls Sie den Rechnungsbetrag inzwischen schon überwiesen haben, betrachten Sie dieses Schreiben als gegenstandslos.

Mit freundlichen Grüßen

Zweite Mahnung

2. Mahnung
Rechnung-Nr. 87543 vom 5. April 2009

Sehr geehrte Frau Klein,

mit unserem Schreiben vom 8.5.2009 haben wir Sie an Ihren Zahlungsrückstand in Höhe von 399,90 EUR erinnert, der sich aus der Rechnung vom 5.4.2009 ergibt. Zwischenzeitlich haben wir weder eine Zahlung noch eine Reaktion von Ihnen erhalten. Wir bitten Sie heute deshalb nochmals, uns den Rechnungsbetrag **bis zum 10. Juni 2009** auf eines unserer Konten zu überweisen.

Sollte von Ihrer Seite Anlass zur Zurückbehaltung des offenen Betrages bestehen, bitten wir um kurzfristige Nachricht.

Mit freundlichen Grüßen

Dritte Mahnung

3. Mahnung/Rechnung-Nr. 87543 vom 5. April 2009
Unsere Mahnschreiben vom 8.5.2009 und 1.6.2009

Sehr geehrte Frau Klein,

wie Sie aus den beigefügten Unterlagen ersehen werden, ist von Ihnen ein nicht unerheblicher Rechnungsbetrag trotz wiederholter Mahnungen bisher nicht ausgeglichen worden. Bitte prüfen Sie die Angelegenheit und veranlassen Sie Ihre Zahlung **bis spätestens zum 1. Juli 2009.**

Nutzen Sie diese Frist, um das Problem außergerichtlich zu lösen. Falls Sie auch diese Frist verstreichen lassen, müssen wir die Angelegenheit leider unserem Rechtsanwalt übergeben. Sie erhalten anbei eine Kopie der Rechnung und einen vorbereiteten Überweisungsvordruck.

Mit freundlichen Grüßen

Nachfassen

Wenn Ihr Lieferant z. B. längere Zeit nicht liefert oder wenn Sie lange auf eine wichtige Zuarbeit von Kollegen warten müssen, dann müssen Sie sich in Erinnerung bringen. Da Sie auf Ihr Gegenüber angewiesen sind, sollten Sie die Erinnerung möglichst so formulieren, dass sich der andere dadurch nicht unangenehm fühlt oder sogar verärgert ist. Das gilt besonders, wenn Sie auf einen Kollegen angewiesen sind, der im Rang über Ihnen steht.

Grundregeln des Nachfassens

- Bleiben Sie sachlich, auch wenn Sie sich ärgern.
- Erklären Sie dem anderen, dass Sie seine Hilfe benötigen. Nehmen Sie ihn in die Verantwortung.
- Setzen Sie freundlich, aber bestimmt klare Fristen.

Nachfrage nach definitivem Liefertermin

Unsere Bestellung vom 10. Mai 2009, Auftrags-Nr. 09/8990

Sehr geehrte Damen und Herren,

am 10. Mai 2009 haben wir unter der oben genannten Auftragsnummer bei Ihnen 500 Briefblöcke bestellt. Trotz der Zusage Ihrer Mitarbeiterin Frau Maier, dass die Blöcke unverzüglich geliefert würden, haben wir bisher keine Lieferung, auch keine Teillieferung erhalten. Mittlerweile sind unsere Restbestände aufgebraucht. Wir benötigen die Lieferung daher dringend. Bitte teilen Sie uns bis Freitag dieser Woche mit, wann wir definitiv mit den Blöcken rechnen können.

Mit freundlichen Grüßen

Nachfrage bei höherrangigem Kollegen

Sehr geehrter Herr Maier,

seit unserem Telefongespräch vom 12. Mai 2009 ist einige Zeit ins Land gezogen. Wir hatten in dem Gespräch vereinbart, dass Ihre Abteilung das für die Preiskalkulation notwendige Zahlenmaterial in den nächsten Tagen liefert. Erlauben Sie mir, dass ich mich deswegen bei Ihnen in Erinnerung rufe. Ich weiß, dass Sie derzeit mit den Jahresabschlüssen vollauf beschäftigt sind, gleichwohl kann ich ohne die benötigten Zahlen die Kalkulation, die dringend erstellt werden muss, nicht abschließen.

In der Hoffnung auf Ihr Verständnis und

mit freundlichen Grüßen

Nachfassen bei inaktivem Kunden

Sehr geehrter Herr Mair,

es überrascht mich, dass wir seit letztem März keine Aufträge mehr von Ihnen erhalten haben. Sie gehören seit langem zu unseren Stammkunden und haben bisher keine Beschwerden geäußert. Daher ist dies für mich unerklärlich und mich würde interessieren, was Ihre Beweggründe sind.

Die häufigsten Ursachen für das Einstellen von Geschäftsbeziehungen sind in der Regel überhöhte Preise, schlechte Qualität und verspätete Lieferung. Ich bin mir nicht bewusst, Sie in dieser Hinsicht enttäuscht zu haben. Sollten Sie dennoch mit meinen Lieferungen oder meinem Service unzufrieden sein, lassen Sie es mich bitte wissen.

Mit freundlichen Grüßen

Nachfassen nach Angebotserstellung

Sehr geehrte Damen und Herren,

Sie hatten Ihr ausdrückliches Interesse an unseren neuen Maschinen bekundet und Ihren Wunsch geäußert, die Maschinen im Laufe dieses Monats vorgeführt zu bekommen. Es überrascht mich daher, dass wir in der Zwischenzeit nichts mehr von Ihnen gehört haben.

Sollte es irgendwelche besonderen Gründe dafür geben, dass Sie an keinen weiteren Einzelheiten mehr interessiert sind, lassen Sie es uns bitte auf der beigefügten frankierten Antwortkarte wissen.

Wir werden gerne veranlassen, dass sich unser Vertreter, Herr Keller, zu einem für Sie geeigneten Zeitpunkt mit Ihnen in Verbindung setzt. Er wird sicher Ihre Fragen beantworten und etwaige Missverständnisse ausräumen können.

Gerne hören wir wieder von Ihnen.

Mit freundlichen Grüßen

Preise erhöhen

Geschäftspartner oder Kunden über eine Preiserhöhung informieren zu müssen, ist unangenehm. Schieben Sie diese Information trotzdem nicht auf die lange Bank. Je früher der Kunde von der Teuerung erfährt, desto besser wird er sie aufnehmen. Sicherlich gibt es sachliche Gründe für die Erhöhung. Schildern Sie diese anschaulich.

Rundschreiben an Geschäftspartner

Neue Preisliste zum 12. Mai 2009

Sehr geehrte Kunden,

wie Sie vielleicht aus der Fachpresse erfahren haben, haben sich die Preise für Papier deutlich erhöht. Zunächst dachten wir, wir könnten diese nachhaltige Teuerung durch Senkung unserer Produktionszeiten abfangen. Dies ließ sich auch zum Teil realisieren.

Eine umfangreiche Prüfung ergab jedoch, dass eine Optimierung in dieser Hinsicht nicht weiter, als wir sie bereits vorgenommen haben, möglich ist. Die Qualität unserer Produkte wollten wir dagegen nicht reduzieren. So sehen wir uns gezwungen, die Preiserhöhung teilweise an Sie weiterzugeben.

Wir informieren Sie frühzeitig, damit Sie disponieren können. Aus der beiliegenden Preisliste ersehen Sie die neuen Preise mit dem Stand 12. Mai 2009.

Wir freuen uns, wenn Sie uns trotz dieses Schrittes weiterhin die Treue hielten, und hoffen auf Ihr Verständnis.

Mit freundlichen Grüßen

Rechnungen stellen

Dass eine Rechnung aus steuerlichen Gründen bestimmte Angaben enthalten muss, ist wohl allen Selbstständigen und deren Mitarbeitern bekannt. Weniger bekannt ist, dass es höflicher ist und netter wirkt, wenn man zu einer Rechnung auch ein Anschreiben versendet bzw. die blanken Zahlen mit einem kurzen Einleitungstext versieht. Im Text kann man z. B. für den Auftrag oder/und die angenehme Zusammenarbeit danken oder schon neue Projekte ansprechen.

Begleitschreiben zu Rechnung über Leistungen

Sehr geehrte Damen und Herren,

vielen Dank, dass Sie sich für unser Unternehmen entschieden haben. Wir hoffen, dass wir alle Leistungen zu Ihrer Zufriedenheit ausgeführt haben, und würden uns freuen, wenn Sie sich auch bei zukünftigen Aufträgen für uns entschieden.

Beiliegend zu diesem Schreiben erhalten Sie unsere Rechnung. Für Fragen stehen wir Ihnen selbstverständlich gern zur Verfügung.

Mit freundlichen Grüßen

Termine vereinbaren und verschieben

Die meisten Termine werden mittlerweile per E-Mail vereinbart. Ab und zu kann es aber noch vorteilhaft sein, eine Terminanfrage auf dem Postweg zu versenden. So z. B., wenn es sich um einen wichtigen Geschäftspartner oder einen wichtigen Termin handelt. Ein Brief unterstreicht die Bedeutung eines Termins mehr als eine schnell versandte E-Mail. Und natürlich können Sie unsere Beispieltexte auch für eine E-Mail verwenden.

Terminanfrage

Sehr geehrter Herr Müller,

wie bereits auf unserem Meeting am 13. Juni 2009 besprochen, konnten wir ein neues Projekt akquirieren. Wir würden auch für dieses Projekt gerne auf Ihre kompetente Hilfe beim Design zurückgreifen. Als Starttermin für die Vorarbeiten zum Projekt wurde unternehmensintern bei uns der

12. August 2009, 9:00 Uhr

festgelegt. Ich würde mich sehr freuen, wenn auch Sie bei diesem Kick-off-Meeting anwesend wären. Bitte teilen Sie mir bis zum 12. Juli 2009 mit, ob wir mit Ihnen rechnen können.

Mit freundlichen Grüßen

Terminbestätigung

Termin am 12.Mai 2009

Sehr geehrter Herr Dr. Klein,

vielen Dank für das freundliche Telefonat vom heutigen Tage.

Ich freue mich auf den Gesprächstermin

am 12. Mai 2009

um 15:00 Uhr

in den Geschäftsräumen der Colonia AG.

Bitte lassen Sie es mich wissen, wenn ich Ihnen vorab noch nähere Informationen zum Projekt zukommen lassen soll.

Mit freundlichen Grüßen

Terminverschiebung

Lieferverzögerung

Sehr geehrte Frau Groß,

Sie haben bei uns ein Garagentor der Marke „Sonator" bestellt. Die Ware sollte am 12. Mai 2009 bei Ihnen sein. Leider können wir diesen Termin nicht einhalten. Aufgrund eines Streiks hat unser Zulieferer derzeit seinerseits Schwierigkeiten zu liefern.

Wir hoffen, Ihnen die bestellte Ware am 20. Mai 2009 übermitteln zu können, und werden Sie über den aktuellen Stand auf dem Laufenden halten. Bis dahin bitten wir noch um ein klein wenig Geduld.

Mit freundlichen Grüßen

Bitte um Verschiebung des Zahlungstermins

Ihre Rechnung-Nr. 12345/09 vom 12. August 2009
Ihre Mahnung vom 10. September 2009

Sehr geehrter Herr Groß,

Ihre Mahnung vom 10. September haben wir erhalten. Wir bedauern die Verzögerung beim Ausgleich Ihrer Rechnung ganz außerordentlich, aber der plötzliche Ausfall eines unserer Kunden hat uns erhebliche Verluste eingebracht. Darüber hinaus sind wir bislang nicht in der Lage gewesen, Ihre letzten Lieferungen weiterzuverkaufen. Ferner haben einige unserer Kunden ihre Verpflichtungen uns gegenüber nur zögerlich erfüllt.

> Wir übersenden Ihnen anbei einen Verrechnungsscheck über EUR 10.500 und wären Ihnen dankbar, wenn Sie uns den Restbetrag noch bis zum 31. Oktober stunden könnten. Sie dürfen versichert sein, dass wir spätestens zu diesem Zeitpunkt den vollen Ausgleich Ihrer Forderung veranlassen werden.
>
> Wir wären Ihnen sehr verbunden, wenn Sie uns in dieser Angelegenheit entgegenkommen könnten.
>
> Mit freundlichen Grüßen

Weiter verweisen

„Ich bin nicht zuständig." Wer diesen Satz als Kunde hört oder – schlimmer noch – liest, ist erst einmal frustriert. Vor allem, wenn es dabei bleibt und damit der Eindruck entsteht, keiner im Unternehmen sei für das Anliegen zuständig. Hier heißt es also: andere Lösungswege oder Ansprechpartner aufzeigen. Was aber tun, wenn Sie nicht wissen, wer für das Kundenanliegen verantwortlich ist? Hier ein paar Grundsätze für beide Fälle, um dem Kunden den Frust zu nehmen:

So kommunizieren Sie, dass Sie nicht zuständig sind

- Schildern Sie genau, was Sie getan haben, um dem Kunden zu helfen. Er bekommt dann das Gefühl, Sie haben alles getan, was möglich ist.
- Seien Sie besonders verbindlich.
- Zeigen Sie Verständnis für die unangenehme Situation des Kunden. Geteiltes Leid ist halbes Leid.

Schreiben, wenn Problemlösung unbekannt

Sehr geehrter Herr Dr. Groß,

anläßlich Ihres Schreibens vom 12. Juni 2009 habe ich mich kundig gemacht, um eine Lösung für Ihr Problem mit der mangelhaften Lampe zu finden.

Sowohl unsere technische Abteilung als auch unser hausinterner Kundenservice konnten trotz intensiver Nachforschungen nicht herausbekommen, welche Firmen in Deutschland noch Lampen dieser Art herstellen. Ein Herstellerhinweis ist – wie Sie ja auch schon selbst feststellten – leider nicht mehr auf der Lampe zu finden.

Wir hätten Ihnen gerne mit Rat und Tat zur Seite gestanden. In diesem Fall ist uns dies jedoch nicht möglich, da wir das für die Reparatur notwendige Ersatzteil so nicht beschaffen können. Vielleicht ergibt ja eine Internet-Recherche, eventuell auf EBay, eine Lösung für Ihr Problem.

Wir wünschen Ihnen jedenfalls viel Erfolg und würden uns freuen, wenn wir Ihnen in anderen Angelegenheiten weiterhelfen könnten.

Mit den besten Grüßen

Schreiben bei falschem Ansprechpartner

Sehr geehrte Frau Meier,

vielen Dank für Ihr Schreiben vom 13. Juni 2009. Wir hätten Ihnen gerne weitergeholfen und Ihnen eine individuelle Reiseroute durch Schottland zusammengestellt, sind jedoch als Reiseveranstalter von Pauschalreisen nicht der richtige Ansprechpartner für Sie. Diesem Schreiben haben wir zu Ihrer Information unseren Katalog beigelegt. Vielleicht findet ja eine Reise aus unserem breiten Angebotsspektrum trotzdem Ihren Gefallen.

Für Fragen zu unserem Programm stehen wir Ihnen sehr gerne zur Verfügung.

Mit den besten Grüßen

Schreiben an höherrangigen Kollegen

Sehr geehrte Frau Dr. Weber,

in Ihrem Schreiben vom 14. April 2009 baten Sie uns, Ihnen Zahlenmaterial für die Personalfluktuation in unserem Hause zu schicken. Leider haben wir selbst keinen Zugriff auf die entsprechenden Zahlen. Wir leiten Ihre Anfrage, wenn es Ihnen recht ist, gerne an die Personalabteilung weiter, die über diese Informationen verfügt.

Über eine kurze Nachricht hierzu sind wir Ihnen dankbar.

Mit den besten Grüßen

Werben

Attraktive Kunden kommen nicht von alleine. Man muss sie aktiv ansprechen. Obwohl das den meisten Unternehmern bewusst ist, verhalten sich viele eher passiv, wenn es darum geht, neue Kundengruppen zu erschließen. Sich darauf zu verlassen, dass ständig neue Zielgruppen heranwachsen, ist ein riskantes Spiel. Denn auch die Konkurrenz schläft nicht. Um sich langfristig am Markt zu behaupten, ist eine aktive Neukundengewinnung erforderlich. Ein Mittel hierzu sind Werbebriefe. Bevor Sie sie schreiben (lassen), sollten Sie folgende Fragen sicher beantworten können:

Welche Zielgruppe möchten Sie ansprechen?

- Ist ein Werbebrief das richtige Medium für die Zielgruppe?
- Welcher Text passt zur Zielgruppe?

- Welches Brieflayout passt zur Zielgruppe?
- Kann ein besonderer Anlass (Sonderaktion, Jubiläum) oder Zeitpunkt (Weihnachten, Sommer) oder ein Zusatznutzen (Gewinnspiel, Versteigerung etc.) die Aufmerksamkeit der Kunden erregen?

Werbebrief an Neukunden

Warum ScanMax?

Sehr geehrte Damen und Herren,

nutzen Sie unser ungewöhnlich günstiges Einführungsangebot über einen superschlanken Scanner mit Spitzenleistung im Farbscanning.

Der beiliegende Prospekt gibt Ihnen einen Einblick über die Vorteile und perfekten Funktionen von **ScanMax.**

ScanMax spart Ihnen eine Menge Arbeitszeit. Nur ein Klick und Ihr ScanMax übernimmt die Dokumentenverwaltung: Scannen, Speichern, Faxen, Kopieren und E-Mails versenden. Schließen Sie ScanMax am Druckerport Ihres PCs an und legen Sie sofort los. Zögern Sie nicht – sparen Sie bares Geld – bestellen Sie jetzt!

Ihr

Werbebrief an Bestandskunden

Pssst, nicht weitersagen: Hochwertige Designerware drastisch reduziert

Sehr geehrter Herr Müller,

Sie sind nunmehr seit drei Jahren ein guter Kunde unseres Unternehmens. Die uns von Ihnen entgegengebrachte Treue nehmen wir heute zum Anlass Sie in den illustren Kreis derjenigen Kunden aufzunehmen, die wir vorab über günstige Angebote und Rabattaktionen informieren.

Unser erster Vorschlag an Sie: Vom 1. bis 10. Juni 2009 haben wir exklusiv für unsere langjährigen Kunden Hosen und Jacken führender Hersteller um bis zu 40 % reduziert.

Besuchen Sie uns während dieser Zeit in unseren Geschäftsräumen und überzeugen Sie sich selbst von der exklusiven Ware zum traumhaft günstigen Preis. Wir freuen uns auf Ihr Kommen!

Ihr

Zusagen

Auch Zusagen sollte man genau durchlesen, nachdem man sie geschrieben hat. Leicht kann es passieren, dass man etwas zusagt, was man gar nicht so gemeint hat. Das kann unangenehm werden, weil man in der Regel an Zusagen (rechtlich) gebunden ist, so z. B. bei einer Auftragsannahme oder bei der Zusage an einen Bewerber.

Zusage an einen Bewerber

Sehr geehrter Herr Kurz,

Sie haben uns davon überzeugt, dass Sie der richtige Mann für unser Team sind. Wir würden uns daher freuen, Sie ab 12. September 2009 unseren Kunden in unserer Hauptniederlassung München als neuen

Senior Consultant Marketing

vorstellen zu können.

Im beiliegenden Anstellungsvertrag sind die bereits angesprochenen Konditionen festgehalten. Wir bitten Sie, uns die beiden Exemplare des Vertrags unterschrieben bis zum 10. August 2009 zurückzusenden. Für organisatorische Fragen steht Ihnen Frau Meier aus unserer Personalabteilung als persönliche Ansprechpartnerin zur Verfügung (Telefon: 089 52347000) Sie wird sich mit Ihnen wegen des Dienstwagens und des Mobiltelefons nach Unterzeichnung des Vertrags in Verbindung setzen.

Mit freundlichen Grüßen

Auftragsannahme

Sehr geehrter Herr Dr. Groß,

Ihr Vertrauen in unser Unternehmen freut mich sehr. Gerne übernehmen wir für Sie die Wartungs- und Servicearbeiten an Ihrer EDV-Anlage.

Die telefonisch am 12. September 2009 besprochenen Konditionen des Auftrags habe ich im beiliegenden Vertragsentwurf schriftlich fixiert. Bitte überprüfen Sie den Entwurf auf Richtigkeit und Vollständigkeit. Falls Sie noch Fragen zum Vertrag haben, stehe ich Ihnen selbstverständlich gerne zur Verfügung. Ich freue mich auf unsere Zusammenarbeit!

Mit freundlichen Grüßen

Zusage einer Einladung

Sehr geehrte Frau Müller,

Ihre Einladung zum Kick-Off-Meeting „Projektarbeiten Heislerstraße" am 12. Mai 2009 um 15 Uhr hat mich sehr gefreut. Ich komme sehr gerne und habe mir den Termin notiert. Ihr Angebot, mir und meinem Kollegen Herrn Dr. Groß Zimmer in Ihrem Partnerhotel für die Nacht vom 12. auf den 13. Mai zu reservieren, nehme ich gerne an.

Ich freue mich auf ein kreatives Gespräch und eine angenehme Zusammenarbeit mit Ihrem Hause.

Mit freundlichen Grüßen

E-Mails und Faxe – wenn es schnell gehen soll

E-Mails oder Faxe sind schnell geschrieben und noch schneller beim Empfänger. Achten Sie aber auch hier auf die Form und den Inhalt: Schlechte E-Mails und Faxe können Kunden ebenso abschrecken wie ein schlechter Brief. In diesem Kapitel erfahren Sie,

- wie Sie E-Mails einfach und formvollendet gestalten können (S. 102),
- welche Kriterien für gute Faxe gelten (S. 104).

E-Mails: Post für Eilige

Mehr als 50 Trillionen E-Mails suchen sich tagtäglich ihren Weg durch den Daten-Highway. Rechnungen, Mahnungen und Angebote werden immer häufiger via E-Mail versandt. Grund dafür sind vor allem erhebliche Kosten- und Zeitersparnisse. Doch eine unübersichtliche E-Mail mit nachlässiger Grußformel und ohne Geschäftsangaben kann diesen Vorteil schnell zunichte machen. Die Schöpfer der DIN 5008 haben daher auch für die elektronische Post Gestaltungsregeln entwickelt. Hier die wesentlichen Grundsätze:

Feld	Regel
„An"	Füllen Sie das vorgegebene Feld für den Empfänger mit der entsprechenden E-Mail-Adresse aus.
„Cc" und „Bcc"	Statt eines Verteilervermerks fügen Sie weitere Leser im Feld „Cc" hinzu. Sollen der Empfänger nicht wissen, wer Ihre E-Mail in Kopie erhält, verwenden Sie stattdessen das Feld „Bcc".
Betreff	Formulieren Sie den Betreff möglichst kurz und prägnant. Achten Sie darauf, dass er aussagekräftig ist. Nur so kann der Empfänger Ihre E-Mail thematisch richtig einordnen und entsprechend darauf reagieren.
Anrede	Generell sollten Sie eine E-Mail wie jeden anderen Geschäftsbrief behandeln. Das heißt:

Feld	Regel
	Beginnen Sie mit einem freundlichen Anrede und trennen Sie diese durch eine Leerzeile vom eigentlichen Text.
Text	Verfassen Sie Ihre E-Mail als Fließtext und verzichten Sie bewusst auf Worttrennungen am Zeilenende. Sollte sich beim Empfänger der Umbruch nämlich verändern, könnte das dazu führen, dass er Ihre E-Mail nur sehr schwer lesen kann. Unterteilen Sie Ihren E-Mail-Text mit Hilfe von Absätzen. Lassen Sie dabei zwischen den jeweiligen Textpassagen eine Leerzeile Freiraum.
Gruß und Signatur	Beenden Sie Ihre E-Mail ebenso wie einen „normalen" Geschäftsbrief mit einem freundlichen Gruß. Kürzen Sie diesen aber niemals mit „MfG" ab. Das wirkt unhöflich und gehetzt. Anschließend folgt Ihre Signatur. Hierzu gehören die vollständigen Geschäftsangaben inklusive Firmierung – genauso wie auch in einem herkömmlichen Brief.

Achten Sie auch bei E-Mails auf richtige Rechtschreibung. E-Mails mit vielen Fehlern machen einen genauso schlechten Eindruck auf Kunden und Geschäftspartner wie Fehler in klassischen Briefen.

Faxe: Post für zwischendurch

Faxe sind fast ebenso schnell beim Empfänger wie E-Mails. Sie eignen sich besonders gut für Schreiben, bei denen es darauf ankommt, dass der Empfänger schnell einen Eindruck von Originaldokumenten bekommt, die dann per Post nachgeschickt werden oder die nicht elektronisch vorliegen und deshalb nicht per E-Mail verschickt werden können.

Nicht geeignet ist das Fax z. B. für:

- besonders lange Geschäftsbriefe, sie „verstopfen" das Faxgerät des Empfängers;
- grafisch besonders aufwändige Schreiben; schraffierte Flächen, helle Farbe auf dunklem Hintergrund und kleine Symbole sind als Fax nicht gut bis gar nicht lesbar;
- Schreiben, welche die sogenannte Schriftform einhalten müssen, z. B. Kündigungen. Solche Schreiben müssen eine Originalunterschrift enthalten, dürfen also keine Kopie, wie es das Fax ist, sein.

So gestalten Sie Ihr Fax empfängerorientiert

- Verzichten Sie im Deckblatt des Fax auf aufwändige Firmenlogos. Deren Übertragung lässt die Telefonrechnung des Empfängers steigen.
- Vermeiden Sie Kästen, Linien, Rasterflächen und Farben: Sie kosten nur Zeit bei der Übertragung und vermindern die Lesbarkeit.

- Wählen Sie eine ausreichende Schriftgröße, z. B. 10 Punkt. Oft sind kleine Buchstaben beim Empfänger nicht mehr lesbar, da sie „verwischt" aussehen.
- Wählen Sie wegen der besseren Lesbarkeit eine Schrift ohne Schnörkel, also eine serifenlose Schrift, z. B. Arial oder Helvetica.
- Auf dem Deckblatt sollten Sie immer die Anzahl der gesendeten Seiten angeben. So hat der Empfänger eine Kontrollmöglichkeit, ob auch wirklich alles übertragen wurde.

Muster

Quer-durch-das Land-Transport e.K.
Feilinger Str. 5, 12345 Hielgenstatt
Telefon: 0567/2345, Telefax: 0567/2346
E-Mail: Info@querdurchdasland.com

- Telefax -
12.12.2009

Von:	____________	An:	____________
Abteilung:	____________	Abteilung:	____________
Telefon:	____________	Telefon:	____________
Telefax:	____________	Telefax:	____________

<Betreff>

Sehr geehrte/r Frau/Herr ____________,

<Brieftext>

Freundliche Grüße

<Unterschrift>

<Name>

<Firma>
<Abteilung>

Dieses Telefax besteht aus insgesamt ___ Seiten, inkl. Deckblatt.

Sollte der Text unvollständig oder schlecht lesbar sein, erreichen Sie mich telefonisch unter <Telefonnummer>.

Vielen Dank!

Englische Geschäftsbriefe

In Zeiten zunehmender Globalisierung ist es an der Tagesordnung, Geschäftsbriefe auf Englisch zu schreiben. Glücklich kann hier derjenige sein, der Englisch perfekt beherrscht. Diejenigen, die das nicht tun, erfahren in diesem Kapitel,

- welche internationalen Regeln für die Anordnung der Briefelemente in gelten (S. 108) und
- welche wichtigen Standardformulierungen es im Englischen gibt (S. 120).

Der Aufbau – eine Frage der Form

Auch wenn die internationale Kommunikation weit mehr mit E-Mails als mit Briefen stattfindet, lassen sich einige Anliegen immer noch besser mit dem klassischen Brief regeln.

> Als Grundregel gilt auch international: Sie sollten alle Schreiben, die Sie in Form eines Briefes erhalten, ebenso mit einem Brief parieren. Das vermittelt Ihrem Gegenüber den Respekt, den er Ihnen entgegenbringt.

Englische Geschäftsbriefe haben einen ganz anderen Aufbau als der typische deutsche Brief, folgen aber strengen Richtlinien, die man einhalten sollte:

- der Briefkopf steht ganz oben,
- die Bezugszeichenzeile ist linksbündig,
- das Datum steht rechtsbündig über der Adresse,
- besondere Anmerkungen, wie z. Hd. von (for the attention of) oder vertraulich (confidential) kommen nach der Adresse,
- die Betreffzeile steht nach der Anrede und sie wird unterstrichen,
- der erste Satz in einem Brief fängt im Gegensatz zum Deutschen immer mit einem Großbuchstaben an.

Die einzelnen Briefelemente

Letterhead: Der Briefkopf

In der Regel ist der Briefkopf vorgedruckt oder er wird mit dem Computer geschrieben. Er umfasst Firmenname, Adresse,

Telefon- und Telefaxnummer, die Namen der Geschäftsleitung, die eingetragene Büronummer und die VAT No. für mehrwertsteuerpflichtige Unternehmen. Wenn Sie als deutsche Firma schreiben, können Sie Ihren Briefkopf links- oder rechtsbündig oder zentriert schreiben, ganz nach Belieben. Das Weglassen der 0 bei der Vorwahl Ihrer Telefonnummer und die Angabe der internationalen Länderwahl erleichtern Ihrem Geschäftspartner das Telefonieren oder das Faxen.

Beispiel für Telefon- und Faxnennung

Telephone: ++49 2 28-33 22 14
Facsimile: ++49228-3322 15

Reference line: Die Bezugszeichenzeile

Die Bezugszeile besteht gewöhnlich aus den Initialen des Absenders und denen der Schreibkraft. Manchmal enthält diese Zeile auch Geschäftszeichen, die unbedingt bei einer Antwort angegeben sein sollten, damit der Brief auch bei der richtigen Abteilung bzw. Person ankommt. Das Bezugszeichen steht entweder in einer Zeile mit dem Datum oder links- bzw. rechtsbündig, über dem Datum. In amerikanischen Briefen finden Sie das Bezugszeichen auch am Ende des Briefes, nach der Unterschrift.

Beispiele

Our ref: gl/hs Your ref: jr/wb 5 May 2003
Oder: Your ref: ug/KL
Our ref: ML/gz
20 May 2009

In den USA:

Sincerely yours,
Mark Fisher

Mark Fisher
Service Department
MS/mc

Date: Das Datum

Für die moderne Schreibweise des Datums gibt es verschiedene Möglichkeiten:

- 10 January 2009
- October 10 2009
- April 2, 2009
- 19 Sept 2003

In den USA und in einigen Teilen Asiens finden Sie auch Formen wie 2003-10-11, eine Schreibweise, die nicht immer eindeutig ist. Setzen Sie das Datum zwei oder drei Leerzeilen nach Ihrer Anschrift an den rechten oder linken Rand Ihres Briefes, die Angabe des Absendeortes entfällt.

Wenn Sie das Datum ohne die im Zusätze für die Ordnungzahlen schreiben (z. B. 1 January statt 1st January), wird dies in Großbritannien akzeptiert, in den USA verwendet es nur das Militär.

Recipient's address: Empfängeranschrift

Setzen Sie die Empfängeranschrift – sie steht immer linksbündig – nach zwei oder drei Leerzeilen unter das Datum. Beginnen Sie mit dem Namen Ihres Ansprechpartners, falls Sie ihn bereits kennen. Denken Sie stets daran, dass englische Korrespondenz viel persönlicher ist als deutsche. Auf den Namen folgt die Position bzw. die Abteilung. Zusätze wie c/o oder attn. sind damit überflüssig, wirken umständlich und altmodisch. Erst in der dritten Zeile des Anschriftenfeldes steht der Firmenname, der in den USA oft in Großbuchstaben oder fett geschrieben wird. Ist Ihnen kein Ansprechpartner bekannt, beginnen Sie sofort mit dem Firmennamen.

Beispiele

Mr John Marshal
General Manager
Green & Partners
oder
Ms Helen Laing
President
ALPHA PRINTING CO
oder
The British Golf Club
Boston Tea Makers Ltd.
McGowrie & Hubbert PLC

In der nächsten Zeile geben Sie die Hausnummer (kein Komma!) und die Straße an. Diese Reihenfolge ist für den gesamten englischsprachigen Raum verbindlich. Ort und Postleitzahl runden die Empfängeranschrift ab. Aufgrund postalischer Regelungen muss der Ortsname in Großbuchstaben geschrieben werden. Richtet sich Ihr Brief an einen Partner in Großbritannien, sollten Sie ferner beachten: Bei größeren Städten wird die Grafschaft (county) nicht erwähnt, die Leitzahl steht in diesem Fall in einer eigenen Zeile unter der Ortsangabe. Wird die Grafschaft erwähnt, steht die Leitzahl hinter dieser und beide stehen unter der Ortsangabe.

Beispiele

Messrs P & R Myers
15 Oxford Street
LONDON
CB2 3LS
GROSSBRITANNIEN
oder
Literary Association
23 Hampton Square
UPMINSTER
Essex
PR4 9ST
GROSSBRITANNIEN

Bei amerikanischen Anschriften stehen Stadt, durch Komma getrennt, dann der Bundesstaat (meist abgekürzt) und Leitzahl immer in einer Zeile.

Beispiele

White & Co Plc
1240 Eighteenth Street
WASHINGTON, D.C. 20007
USA

Der Vollständigkeit halber sei erwähnt, dass Sie die Wahl haben zwischen „open", „closed" oder „mixed punctuation". Zu Ihrer Arbeitserleichterung sollten Sie sich für die open punctuation entscheiden, wenn Sie Ihre Korrespondenz mit britischen Partnern führen, d. h., Sie verwenden keinerlei Satzzeichen in der Anschrift. Im Amerikanischen hat es sich durchgesetzt, Abkürzungen mit einem Punkt zu versehen und nach der Ortsangabe ein Komma zu setzen.

Beispiele

In Großbritannien:

C W Abbott Ltd
2494 Market Street
CAMBRIDGE
RB4 7PV
GROSSBRITANNIEN

In den USA:

Mr. John Halley
President
CHANES HI-TECH INC.
P. O. Box 5643
NEW YORK, NY
10221
USA

Salutation: Die Anrede

Wie Ihre Anrede lautet, hängt davon ab, wen Sie in der Adresse genannt haben.

Adressat	Die richtige Anrede
Mr J K Brendel	Dear Sir (etwas altmodisch) Dear Mr Brendel
Mrs Jane Gardener	Dear Mrs Gardener Dear Madam, (etwas altmodisch) Dear Ms Gardener (AE)
Dr Jane Gardener	Dear Dr Mann Dear Doctor Mann (Professorentitel wird nicht erwähnt)
Adressat nicht namentlich bekannt	Dear Sir or Madam Dear Madam, Dear Sir Dear Ladies, Dear Gentlemen (AE) Dear Sirs
Adressat sehr gut bekannt	Dear Bob

Kennen Sie Ihren Ansprechpartner namentlich, wäre es eine schwere Unhöflichkeit, ihn nicht mit Namen anzureden. Es ist sogar wahrscheinlich, wenn auch für uns völlig ungewöhnlich, dass schon nach kurzer Zeit der Vorname benutzt wird. Die Anrede lautet dann z. B. „Dear Bob". Das hat nichts mit Vertraulichkeit oder besonderer Sympathie zu tun. Im Englischen gibt es einfach den Unterschied zwischen Sie und Du nicht. Sollte Ihr Partner Sie also nach relativ kurzer Zeit mit

Ihrem Vornamen anreden, tun Sie das gleiche zurück, es ist ganz normal.

Topic/subject Line: Der Betreff

Die Betreff-Angabe steht immer mit einer Leerzeile Abstand nach der Anrede. Sie sollte entweder in Großbuchstaben geschrieben werden oder unterstrichen sein. Im Englischen wird häufig „Subject:" oder „Re:" an den Anfang gesetzt.

Beispiele

Dear Mr Greene,

OUR LATEST CATALOGUE

oder

Dear Ms Browne,

Subject: Price list

Body of the letter: Der Brieftext

Bei der Gestaltung des Brieftextes haben Sie zwei Möglichkeiten:

- die eingerückte Form (**indented style**), hier rücken Sie die erste Zeile jedes Absatzes um einige Leerschritte ein:
- die nicht eingerückte Form (**blocked style**), hier beginnen alle Absätze gleichmäßig linksbündig angeordnet.

Welche Form Sie wählen, ist reine Geschmackssache. Manche halten die eingerückte Form für übersichtlicher, andere meinen, die nicht eingerückte Form sei moderner. Im Privatschreiben sollten Sie jedoch die eingerückte Form bevorzugen. Zwischen den einzelnen Absätzen sollte immer eine Leerzeile stehen.

Strukturieren Sie auch Ihre englischsprachigen Briefe: Auch bei kurzen Briefen sollte man immer eine Dreiteilung erkennen können: die Einleitung, den Zweck des Briefes, den Schlusssatz.

Complimentary close/closing: Die Schlussformel

Hier bestehen Unterschiede zwischen britischem und amerikanischem Englisch. Im britischen Sprachgebrauch besteht eine enge und sehr feste Verbindung zwischen Anrede und Schlussformel.

British English	
Anrede	Schlussformel
Unpersönliche Anrede (Dear Sirs, Dear Madam, Dear Sir,)	Yours faithfully Yours truly
Persönliche Anrede (Dear Mr Howes, Dear Mrs Greene, Dear Bob, Dear Jenny o. Ä.)	Yours sincerely

American English	
Anrede	**Schlussformel**
Alle Anreden, persönlich oder unpersönlich	Sincerely yours, Yours (very) truly, **Bei sehr vertrauter Person:** With best wishes Kind regards.

Haben Sie nach der Anrede ein Satzzeichen (Komma oder Doppelpunkt) verwendet, dann muss nach der Schlussformel ein Komma stehen. Die Schlussformel wird links- oder rechtsbündig gesetzt oder auch zentriert.

Signature: Die Unterschrift

Zur Unterschrift gehören der Name und die Position des Zeichnenden und die Firmenbezeichnung. Festgelegte Schemata gibt es nicht, üblich ist folgende Regelung:

- Haben Sie den Briefkopf linksbündig gesetzt, stehen auch Schlussformel und Unterschriftsblock linksbündig.
- Sitzt der Briefkopf auf der rechten Seite des Briefbogens, schreiben Sie Grußformel und Unterschriftsblock in dieselbe Spalte auf der rechten Seite des Blattes.
- Haben Sie Ihren Briefkopf zentriert gesetzt, sollten Sie Grußformel und Unterschriftsblock ebenfalls in der rechten Blatthälfte platzieren. In diesem Fall entscheidet die Optik, in welcher Spalte Sie beginnen.

Enclosures: Die Anlagen

Der Anlagenblock wird mit einer oder mehreren Zeilen Abstand unter den Unterschriftsblock gesetzt.

Yours faithfully,
XYZ Export GmbH

Robert Maier
Export Manager

Encls.

Sales brochure
Price list

Englischer Anlagenvermerk

Carbon copy: Der Verteilervermerk

Wenn interne oder externe Dritte Kopien des Schreibens erhalten, sollte der Verfasser des Schreibens dies auch durch den Verteilervermerk dem Briefempfänger mitteilen. Der Vermerk steht mit einer oder mehreren Leerzeilen Abstand unter dem Anlagenvermerk.

Postscript: Das Postskript

Ursprünglich diente das Postskript dazu, etwas, das man vergessen hatte, noch unter den eigentlichen Brief zu setzen. Heute wird das Postskript ganz gezielt eingesetzt, um die Aufmerksamkeit des Brieflesers zu fesseln, denn häufig ist es das Erste, das gelesen wird. Das gilt ganz besonders für Werbebriefe. Das Postskript steht ganz am Ende des Briefes, also nach dem Anlagen- und dem Verteilervermerk.

Muster

10 January 2009

Gowry Communications Inc.
2 Albemarle Street
LONDON
W1X 3HF
Great Britain

For the attention of Mr J. Gowry

Dear Mr Gowry,

Your invitation

I regret very much not being able to accept your kind invitation to deliver a speech on domestic economic developments at your annual meeting in November due to prior arrangements.

If you should need a substitute speaker, please call me on Wednesday next week and I will only be too glad to make some suggestions to you.

Thank you very much again for your kind invitation

Yours sincerely,

Die wichtigsten Formulierungen

Im Folgenden finden Sie die gängigsten englischen Formulierungen für die wesentlichen Briefelemente.

Offizielle Vermerke

(By) Air Mail AIRMAIL	Mit Luftpost
Registered (Mail)	Per Einschreiben
(By) Express, Special Delivery (AE)	Post Express, Eilboten
Personal	Persönlich
Printed Matter	Drucksache
If undelivered, please return Return, if undelivered	Falls unzustellbar, bitte zurück
Please forward, To be forwarded	Bitte nachsenden
Moved, address unknown	Unbekannt verzogen
P.O. Box/POB	Post(schließ)fach
Small packet/parcel	Päckchen
Self-addressed/stamped addressed envelope (SAE)	Frankiertes Rückkuvert
Urgent	Eilt, dringend
Postage	Porto
Postage Paid	Frei

Postal rates/charges	Postgebühren
Poste Restante	Postlagernd
Confidential	Vertraulich
Private and confidential	Persönlich - Vertraulich
With/by same post/mail	Mit gleicher Post
Under separate cover	Mit gesonderter Post
By return of mail/post, by return mail, by return	Umgehend, postwendend
Fragile	Zerbrechlich
Handle with care	Nicht werfen/ Vorsicht zerbrechlich
Do not bend/fold	Nicht knicken
Special issue/ commemorative stamp	Sonder-/Gedenkmarke
(Fully insured) registered letter	Wertbrief
Registered parcel (with declared value)	Wertpaket
Sample of no commercial value	Muster ohne Wert

Einleitung

- With reference to your request of ...
- Thank you for your letter of ...

- I would like to apply for the post of ...
- I apologize for the delay in replying ...

Anfragen

- I am writing to enquire about ...
- I would be grateful if you could ...
- Could you possibly ...
- I would appreciate if you could ...

Zusagen

- I am delighted to ...
- It gives me great pleasure to ...
- I am happy to ...

Schlechte Nachrichten

- Unfortunately, ...
- I regret to inform you that ...
- I am afraid that ...

Anhänge

- Please find enclosed ...
- Enclosed you will find ...
- I am enclosing ...

Schlusssatz

- Many thanks in advance.
- Please do not hesitate to contact us if we can be of any help.
- I look forward to hearing from you soon.

Mal mehr, mal weniger formell

Wer nicht so vertraut mit der englischen Sprache ist, stolpert schnell über die Formalien des Englischen. So gibt es z. B. kleine, aber feine Unterschiede, die darüber entscheiden, ob ein Brief vertraulich wirkt oder ob eher offiziell. Die folgenden Briefe zeigen die Unterscheide.

Brief an einen gut bekannten Geschäftspartner

Dear Kate Marsh,

I am aware that you are attending the award ceremony for the creative writing competition at the Lillian Baylis Theatre next Thursday 29 May.

This is just to let you know that there will be drinks and some food available in a room off the Theatre from 6pm for the judges and a few external guests. I hope you will be able to come to this and meet Andrew Motion, the poet laureate, and Nick McKenzy, from London Arts, in person.

Best wishes

Formelles Anschreiben

Dear Ms Gould,

<u>Agency Agreement</u>

I refer to our telephone conversation of Thursday last week, and am pleased to confirm the agency agreement giving you sole agency for our products in South Africa.

Please find enclosed two copies of our terms for the agency agreement. Please study its provisions carefully and return both copies initialled to me. If there should be any comments, or amendments which you would like to make with regard to the contents, please let me know.

Should you have any further queries concerning the terms of the agreement, please do not hesitate to contact me as well.

I look forward to our forthcoming meeting to discuss the final agreement, and hope that this is the beginning of a long and mutually beneficial co-operation.

Yours sincerely,

Encl.

Sehr formelles Anschreiben

Dear Mr Jose,

Formal Notice of Annual General Meeting

Notice is hereby given that the 11th Annual General Meeting of Prudential Shareholders Ltd will be held at 12 Grosvenor Square, London N4 5HL, on 1 August 2003, for the purpose of considering the Chief Executive's annual report and statement of accounts for the year ending 31 July 2003.

A member entitled to attend and vote is entitled to appoint a proxy to vote in his or her stead. Thank you for your continuing support.

Yours sincerely,

Stichwortverzeichnis

Weitere Informationsquellen

Internet

Weitere Musterbriefe, Informationen und eine Fülle von nützlichen Tipps rund um das Thema Geschäftskorrespondenz finden Sie unter

www.sekretaria.de
www.business-english.de

Weitere Literatur

„Perfekte Geschäftsbriefe und E-Mails" von Peter Sturtz, 244 Seiten, mit CD-ROM, € 16,80. ISBN 978-3-448-08696-6, Bestell-Nr. 00728-0001

„Grüße und Glückwünsche. Wie sage ich's richtig?", von Frank Rosenbauer, 128 SEiten, € 6,90. ISBN 978-3-448-07911-1, Bestell-Nr. 00922-0001

Systemvoraussetzungen für die CD-ROM
Microsoft Windows ® 2000 SP4, XP SP2, 2003, Vista; Ab Pentium ® III Prozessor oder Kompatible ab 500 MHz ; 256 MB Hauptspeicher; Grafikauflösung mind. 1024 x 768; 16 Bit Farbtiefe; 150 MB Festplattenspeicher; CD-ROM-Laufwerk.
So installieren Sie die CD-ROM:
Legen Sie die CD-ROM in das Laufwerk Ihres PCs.
Wählen Sie über das START-Menü den Punkt „Ausführen".
Geben Sie im „X:/setup" ein (wobei X der Buchstabe Ihres CD-ROM-Laufwerks ist) und bestätigen Sie die Eingabetaste.
Die Installation wird gestartet. Folgen Sie einfach der Anleitung des Programms.

TaschenGuides – Qualität entscheidet

Bereits erschienen:

Der Betrieb in Zahlen

- 400 € Mini-Jobs
- Balanced Scorecard
- Betriebswirtschaftliche Formelsammlung
- Bilanzen lesen
- Buchführung
- Businessplan
- BWL Grundwissen
- BWL Kompakt – die 100 wichtigsten Fakten
- Controllinginstrumente
- Deckungsbeitragsrechnung
- Einnahmen-Überschussrechnung
- Finanz- und Liquiditätsplanung
- Die GmbH
- IFRS
- Kaufmännisches Rechnen
- Kennzahlen
- Kleines Lexikon Rechnungswesen
- Kontieren und buchen
- Kostenrechnung
- Kleine mathematische Formelsammlung
- VWL Grundwissen

Mitarbeiter führen

- Besprechungen
- Führungstechniken
- Die häufigsten Managementfehler
- Management
- Managementbegriffe
- Mitarbeitergespräche
- Moderation
- Motivation
- Projektmanagement
- Spiele für Workshops und Seminare
- Teams führen

Karriere

- Assessment Center
- Existenzgründung
- Ich-AG – mit Gründerzuschuss selbstständig
- Jobsuche und Bewerbung
- Vorstellungsgespräche

Geld und Specials

- Die neue Rechtschreibung
- Eher in Rente
- Energieausweis
- IGeL – Medizinische Zusatzleistungen
- Immobilien erwerben
- Immobilienfinanzierung
- Sichere Altersvorsorge
- Geldanlage von A-Z
- Web 2.0
- Zitate für Beruf und Karriere
- Zitate für besondere Anlässe

Persönliche Fähigkeiten

- Allgemeinwissen Schnelltest
- Ihre Ausstrahlung
- Business-Knigge – die 100 wichtigsten Benimmregeln
- Mit Druck richtig umgehen
- Emotionale Intelligenz
- Entscheidungen treffen
- Gedächtnistraining
- Glück!
- IQ-Tests
- Knigge für Beruf und Karriere
- Knigge fürs Ausland
- Kreativitätstechniken
- Manipulationstechniken
- Mind Mapping
- NLP
- Persönliche Situationen meistern
- Schneller lesen
- Selbstmanagement
- Sich durchsetzen
- Soft Skills
- Stress ade
- Verhandeln
- Yoga für Beruf und privat
- Zeitmanagement